Pants

프로에게 **자** 사용법으로
쉽게 배우는

Straight Pants.. Tailored Pants.. Wide Pants..　　Bell-bottom Pants.. Jeans.. Culotte..　　Jamaica Pants.. Hipbone Slim Pants..

팬츠 제도법

임병렬 · 정혜민 공저

전원문화사

● 머리말 ●

오늘날 패션 산업은 인간의 생활 전체를 대상으로 커다란 변화를 가져오게 되었다. 특히 의류에 관한 직업에 종사하는 직업인이나 학습을 하고 있는 학생들에게 있어서, 의복제작에 관한 전문적인 지식과 기술을 습득하는 것은 매우 중요한 일이다.

본서는 '이제창작디자인연구소'가 졸업 후 산업현장에서 바로 적응할 수 있도록 패턴 제작과 봉제에 관한 교재 개발을 목적으로, 패션업계에서 50여 년간 종사해 오시면서 많은 제자들을 육성해 내신 임병렬 선생님과 함께 실제 패션 산업현장에서 이루어지고 있는 제도와 봉제 방법에 있어서 패턴에 대한 교육을 전혀 받아 본 적도, 전혀 옷을 만들어 본 경험이 없는 초보자라도 단계별로 색을 넣어 실제 자를 얹어 놓은 그림 및 컬러 사진을 보아 가면서 쉽게 따라 할 수 있도록 구성한 10권의 책자(스커트 제도법, 팬츠 제도법, 블라우스 제도법, 원피스 제도법, 재킷 제도법과 스커트 만들기, 팬츠 만들기, 블라우스 만들기, 원피스 만들기, 재킷 만들기) 중 팬츠 제도법 부분을 소개한 것이다.

강의실에서 학생들에게 패턴을 제도하는 방법과 봉제 방법을 가르치면서 경험한 바에 의하면 설명을 들은 방법대로 학생들이 완성한 패턴이 각자 다르고, 가봉 후 수정할 부분이 많이 생기게 된다는 것이었다. 이 문제점을 해결할 방법은 없을까 오랜 기간 고민하면서 체형별 차이를 비교하고 검토한 결과 자를 어떻게 사용하는가에 따라 패턴의 완성도에 많은 차이가 생기게 된다는 것을 알게 되었다. 그래서 자를 대는 위치를 정한 다음 체형별로 여러 패턴을 제도해 보고 교육해 본 체험을 통해서 본서를 저술하게 되었다.

단계별로 색을 넣어 실제 자를 얹어 가면서 그림으로 설명하고 있어 초보자도 쉽게 이해할 수 있도록 구성하였으며, 또한 본서의 내용은 www.jaebong.com 또는 www.jaebong.co.kr에서 제도하는 과정을 동영상과 포토샵 그림으로 볼 수 있도록 되어 있다.

제도에서 봉제까지 옷이 만들어지는 과정에 있어서 기본적인 지식이나 기술을 습득하고, 자기 능력 개발에 도움이 되었으면 하는 바람에서 미흡한 면이 많은 줄 알지만 시간을 거듭하면서 수정 보완해 나가기로 하고 감히 출간에 착수하였다. 보다 알찬 내용의 책이 될 수 있도록 많은 관심과 지도 편달을 경청하고자 한다.

끝으로 동영상 제작에 도움을 주신 영남대학교 한성수 교수님을 비롯하여 섬유의류정보센터의 권오현, 배한조, 우일훈 연구원님과, 함께 밤을 새워 가면서 동영상 편집을 해 주신 이재은 씨, 출판에 협조해 주신 전원문화사의 김철영 사장님을 비롯하여 이희정 실장님, 편집에 너무 고생하신 김미경 실장님, 최윤정 씨에게 깊은 감사의 뜻을 표합니다.

또한 원고에만 신경 쓸 수 있도록 가정적인 일에 도움을 주신 어머니, 불평 한 마디 없이 격려해 주는 남편과 가족들에게 이 책을 바칩니다.

2003년 7월 정 혜 민

Pants

제도를 시작하기 전에..

- 제도 시 계측한 치수와 제도하기 위해 산출해 놓는 치수를 패턴지에 기입해 놓고 제도하기 시작한다.

- 여기서 사용한 치수는 참고 치수가 아닌 실제 착용자의 주문 치수를 사용하고 있다.

- 여기서는 각 축소의 눈금이 들어 있는 제도 각자와 이제창작디자인연구소의 AH자를 사용하여 설명하고 있으므로, 일반 자를 사용할 경우에는 제도 치수 구하기 표의 오른쪽 제도 치수를 참고로 한다.

- 제도 도중에 ⟋◠ 모양의 기호는 hip곡자의 방향 표시를 나타낸 것이다.

- 뒤 중심선을 그릴 때 허리선에서 운동량으로서 추가하는 분량은 0.5cm를 짧게 하면 타이트한 옷이 된다.

- 설명을 읽지 않고도 빨간색 선만 따라가다 보면 팬츠의 패턴이 완성된다.

- 또한 반드시 책에 있는 순서대로 제도해야 하는 것은 아니고, 바로 전에 그린 선과 가까운 곳의 선부터 그려도 상관없다. 기본적인 것을 암기 방식이 아닌 어느 정도의 곡선으로 그려지는 것인가를 감각적으로 느끼고 이해하는 것이 중요하며, 몇 가지 제도를 하다 보면 디자인이 다른 패턴도 쉽게 응용하여 제도할 수 있게 될 것이다.

- 여기서 사용하고 있는 자들은 www.jaebong.com 또는 www.jaebong.co.kr로 접속하여 주문할 수 있다.

C.O.N.T.E.N.T.S.

Straight Pants.. Tailored Pants.. Wide Pants..   Bell-bottom Pants.. Jeans.. Culotte..   Jamaica Pants.. Hipbone Slim Pants..

......Pants

Straight Pants..

Tailored Pants..

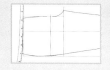

Bell-bottom Pants..

Jeans..

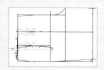

Jamaica Pants..

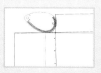

Culotte..

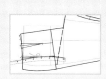

Hip-hang Slim Pants..

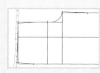

Wide Pants..

하지(下肢)의 움직임이 가장 많은 부위를 감싸는 의복인 팬츠는 허리선에서 엉덩이 둘레 선까지가 스커트와 거의 같은 모양의 형태이나 히프선에서 아래 부분은 좌우의 다리를 따로따로 감싸는 원통 모양의 형태로 되어 있다.

그림 ❶과 같이 엉덩이 관절과 무릎 관절은 걷거나 계단을 오르내릴 때, 의자나 바닥에 앉을 때 등의 일상 동작에 있어서 특히 많은 운동량을 필요로 하는 부위이다. 이 움직임의 동작에 방해가 되지 않으면서 아름답게 기능하는 팬츠를 만들기 위해서는 정확한 치수의 계측을 하는 것이 무엇보다 중요하다. 정확한 계측을 바탕으로 실루엣에 적합한 적당한 여유분을 넣어 제도하였을 때 비로소 아름답게 몸에 맞는 착용감이 좋은 팬츠를 만들 수 있다.

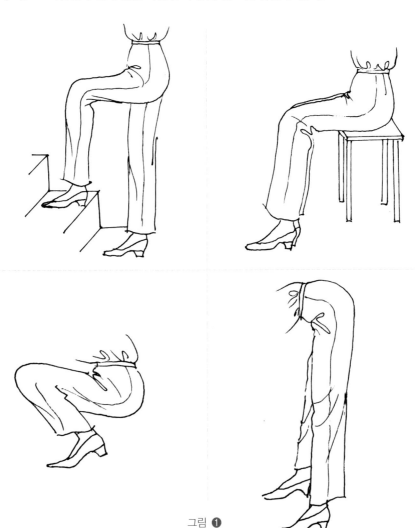

그림 ❶

용어 해설 ⋯⋯⫶⋯

- B=Bust 가슴 둘레의 약자
- W=Waist 허리 둘레의 약자
- H=Hip 엉덩이 둘레의 약자
- MHL=Middle Hip Line 중 히프선의 약자
- KL=Knee Line 무릎선의 약자
- SP=Shoulder Point 어깨 끝점의 약자
- BNP=Back Neck Point 뒷목점의 약자
- AH=Armhole 진동 둘레의 약자
- C.B=Center Back 뒤 중심의 약자

- BL=Bust Line 가슴 둘레 선의 약자
- WL=Waist Line 허리 둘레 선의 약자
- HL=Hip Line 엉덩이 둘레 선의 약자
- EL=Elbow Line 팔뒤꿈치 선의 약자
- BP=Bust Point 유두점의 약자
- FNP=Front Neck Point 앞 목점의 약자
- SNP=Side Neck Point 옆 목점의 약자
- C.F=Center Front 앞 중심의 약자

성인 여성의 하의류 참고 치수표 ⋯⋯⫶⋯

단위 : cm

부위	호칭 참고 회사	54	65	66	67
허리 둘레(W)	A사	66	70	75	80
	B사	65	69	73	77
	C사	65	69	73	77
엉덩이 둘레(H)	A사	93	97	102	107
	B사	90	94	98	102
	C사	91	95	99	103
바지 길이	A사	101.5	102.1	102.8	103.5
	B사	102	103	104	105
	C사	105	105.6	106.2	106.8
밑위 길이	참고 치수	26	26	27	27
밑아래 길이		68	68	69	69
엉덩이 길이		18	18	19	19
대퇴부 길이		50~52	50~52	51~53	51~53
하퇴부 길이		33.5	33.2	33.3	33

여기서는 계측 치수가 아닌 3개 회사의 제품 치수를 참고 치수로 기입해 두고 있으므로, 각자의 계측 치수와 비교해 보고 참고로만 한다.

올바른 계측 ‥‥‥▷

　피 계측자의 계측 시 속옷은 타이즈, 팬츠용 거들 등을 착용하고 허리에 가는 벨트를 묶은 다음, 디자인에 적합한 높이의 구두를 신는다.

　계측자는 피 계측자의 정면 옆이나 측면에 서서 줄자가 정확하게 인체 표면에 닿아 있는지를 확인하면서 계측한다.

계측 부위와 측정 계측법

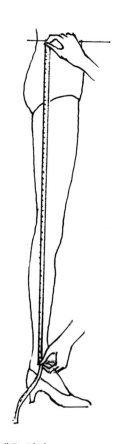

● **허리 둘레**
　벨트를 조였을 때 가장 자연스런 위치의 허리 둘레 치수를 잰다.

● **엉덩이 둘레**
　너무 조이지 않도록 주의하여 엉덩이의 가장 굵은 부분을 수평으로 잰다. 단, 대퇴부가 튀어나와 있거나 배가 나와 있는 체형은 셀로판지나 종이를 대어 보고 그 치수가 큰 쪽을 엉덩이 둘레의 치수로 한다.

● **엉덩이 길이** (c~d)
　허리선에서 엉덩이 둘레 선(엉덩이 부분 돌출점의 수평선)까지의 길이를 잰다.

● **팬츠 길이**
　오른쪽 옆 허리선에서 복사뼈 점까지의 길이를 잰다. 이 치수를 기준으로 하고, 디자인에 맞추어 증감한다.

- **밑아래 길이**

  좌골 결절 최하단(가랑이 밑)에서 복사뼈 점까지의 직선거리를 잰다. 가랑이 밑에 자를 끼우고 계측하면 정확하게 계측할 수 있다. 이 때 줄자가 느슨해지지 않도록 주의한다.

- **밑위 길이**

  계산에 의해 산출한다. 팬츠 길이(기준치)에서 밑아래 길이(기준치)를 마이너스한 치수로 한다.

- **밑위 앞뒤 길이(a~b)**

  허리선의 앞 중심에서 가랑이 밑을 통과해 허리선의 뒤 중심까지의 길이를 잰다.

- **대퇴부 둘레**

  대퇴부의 최대 둘레 치수를 잰다.

- **하퇴부 둘레**

  하퇴부의 최대 둘레 치수를 잰다.

- **발목 둘레**

  발목뼈를 지나는 발목 둘레 치수를 잰다.

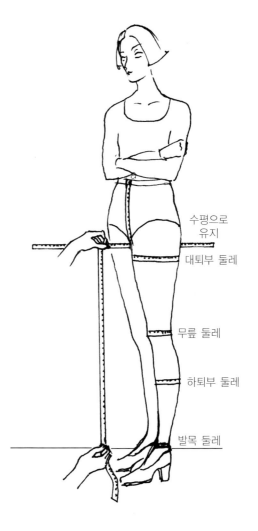

수평으로 유지

대퇴부 둘레

무릎 둘레

하퇴부 둘레

발목 둘레

● **완성선**
굵은 선. 이 위치가 완성 실루엣이 된다.

● **안내선**
짧은 선. 원형의 선을 가리킴. 완성선을 그리기 위한 안내선. 점선은 같은 위치를 연결하는 선.

● **안단선**
안단의 폭이 앞 여밈단으로부터 선의 위치까지 라는 것을 가리킨다.

● **골선**
조금 긴 파선. 천을 접어 그 접은 곳에 패턴을 맞추어서 배치하라는 표시.

● **꺾임선, 주름산 선**
짧은 중간 굵기의 파선. 칼라의 꺾임선, 팬츠의 주름산 선.

● **식서 방향(천의 세로 방향)**
천을 재단할 때 이 화살표 방향에 천의 세로 방향이 통하게 한다.

외주름 겉 핀턱 안 핀턱 맞주름   턱

● **플리츠, 턱의 표시**
플리츠나 턱으로 되는 것의 접히는 부분을 가리키는 것으로, 사선이 위를 향하고 있는 쪽이 위로 오게 접는다.

● **단춧구멍 표시**
단춧구멍을 뚫는 위치를 가리킨다.

● **오그림 표시**
봉제할 때 이 위치를 오그리라는 표시.

● **직각의 표시**
자를 대어 정확히 그린다.

● **접어서 절개**
패턴의 실선 부분을 자르고, 파선 부분을 접어 그 반전된 것을 벌린다.

● **절개**
  패턴을 절개하여 숫자의 분량만큼 잘라서 벌린다.

● **절개**
  화살표 끝의 위치를 고정시키고 숫자의 분량만큼 잘라서 벌린다.

● **등분선**
  등분한 위치의 표시.

● **털의 방향**
  코르덴이나 모피 등 털이 있는 것을 재단할 때 화살표 방향에 털 방향을 맞춘다.

● **서로 마주 대는 표시**
  따로 제도한 패턴을 서로 마주 대어 한 장의 패턴으로 하라는 표시. 위치에 따라 골선으로 사용하는 경우도 있다.

● **단추 표시**
  단추 다는 위치를 가리킨다.

● **늘림 표시**
  봉제할 때 이 위치를 늘려 주라는 표시.

● **개더 표시**
  개더 잡을 위치의 표시.

● **다트 표시**

● **지퍼 끝 표시**
  지퍼달림이 끝나는 위치.

● **봉제 끝 위치**
  박기를 끝내는 위치.

기본 팬츠 Straight Pants...

■■■ P.A.N.T.S 01

스타일 ●●● 팬츠의 기본형으로 히프 선에서 밑단까지가 직선에 가깝게 보이는 실루엣이다. 허리선에서 히프 선까지는 몸에 딱 맞게 피트시키고, 대퇴부에서 무릎 사이에 여유가 있어 편안하면서도 체형을 아름답게 커버해 주기 때문에 누구에게나 잘 어울리는 스타일이다.

소 재 ●●● 촘촘하게 짜여진 천으로 잘 구겨지지 않고 적당한 탄력이 있으며, 밑으로 처지는 성질의 것이 적합하다.
울 소재라면 플라노, 울 개버딘, 색
서니, 서지, 베네샹 등이 좋으며, 면 소재로는 데님, 면 개버딘, 코듀로이 등이 좋다.
화섬의 경우는 폴리에스테르나 텐셀 등이 적합하다.

색 ●●● 검정, 감색, 회색, 갈색 등의 기본색인 무지가 코디하기 좋으나, 체크나 스트라이프 무늬도 품위가 있어 보이며 매니시한 느낌으로 착용할 수 있다.

기본 팬츠의 제도 순서

제도 치수 구하기 ····◦

계측 치수		제도 각자 사용 시의 제도 치수	일반 자 사용 시의 제도 치수
허리 둘레(W)	68cm	$W° = 34$	$W / 4 = 17$
엉덩이 둘레(H)	94cm	$H° = 47$	$H / 4 = 23.5$
바지 길이	92cm (벨트 제외)		92cm
밑위 깊이		$H° / 2 + 1.5cm$	$H / 4 + 1.5cm = 25$
앞 밑둘레 폭		$H° / 8 - 2cm$	$H / 16 - 2cm = 3.8$
뒤 밑둘레 폭		$H° / 8$	$H / 16 = 5.8$
무릎 둘레	40cm		$40 / 4 = 10$
바짓단 폭	20cm		$20 / 2 - 0.6 = 9.4$

앞판 제도하기 ····◦

1. 기초선을 그린다.

옆선의 안내선

01

수평으로 바지 길이 만큼 옆선의 안내선을 그린다.

허리 안내선

02

직각으로 허리 안내선을 그린다.

바짓단 안내선

바지 길이

03

허리선에서 바지 길이 만큼 내려가 직각으로 바짓단 안내선을 그린다.

밑위 안내선

$(\frac{H}{2}=\frac{H}{4})+1.5 \rightarrow$

04

허리선에서 바짓단 쪽으로 H°/2+1.5cm=H/4+1.5cm 치수를 나가 표시하고, 직각으로 밑위 안내선을 그린다.

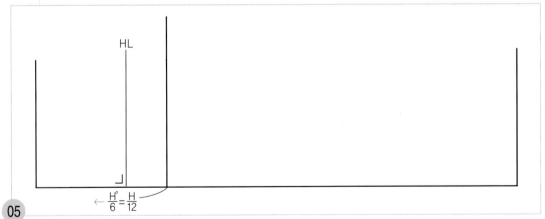

HL

$\leftarrow \frac{H°}{6}=\frac{H}{12}$

05

밑위 선 위치에서 허리선 쪽으로 H°/6=H/12 치수를 나가 표시하고, 직각으로 히프선을 그린다.

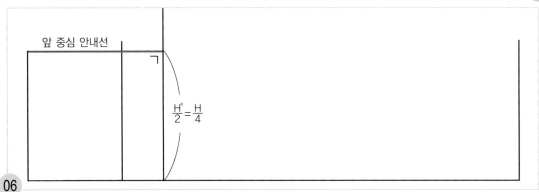

06 밑위 선의 옆선 위치에서 $H°/2=H/4$ 치수를 올라가 표시하고, 직각으로 허리 안내선까지 연결하여 앞 중심 안내선을 그린다.

2. 앞 밑둘레 폭을 추가해 밑위 선을 정하고 주름산 선을 그린다.

01 밑위 안내선과 앞 중심 안내선의 교점에서 $H°/8=H/16$ 치수를 올라가 밑위 선 끝점을 표시한다(따라서 전체 밑위 선의 길이는 $H°/2+H°/8=H/4+H/16$ 치수가 된다).

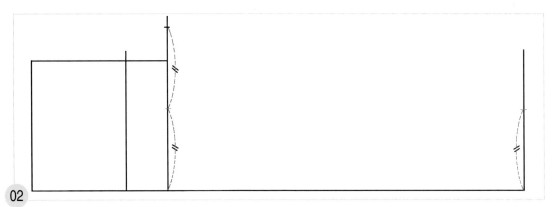

02 밑위 선 전체를 2등분하고, 그 1/2 치수를 재어 같은 치수를 바짓단 선 쪽에도 표시한다.

$$\frac{H°}{8} = \frac{H}{16}$$

03 밑위 선과 바짓단 선의 1/2점 두 점을 직선자로 연결하여 허리선까지 앞 주름산 선을 그린다.

3. 무릎선을 그리고 무릎 폭과 바짓단 폭을 정한다.

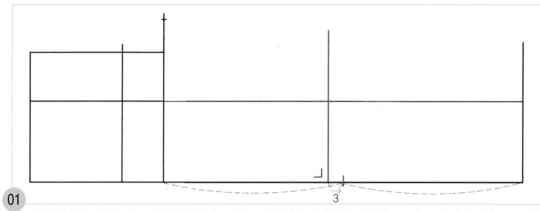

3

01 밑위 선에서 바짓단 선까지를 2등분하여 표시하고, 2등분한 곳에서 허리선 쪽으로 3cm 올라가 직각으로 무릎 안내선을 그린다.

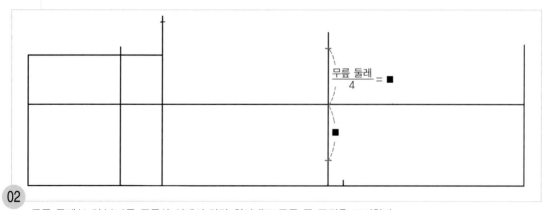

$$\frac{무릎\ 둘레}{4} = ■$$

02 무릎 둘레/4 치수(■)를 주름산 선에서 각각 위아래로 무릎 폭 끝점을 표시한다.

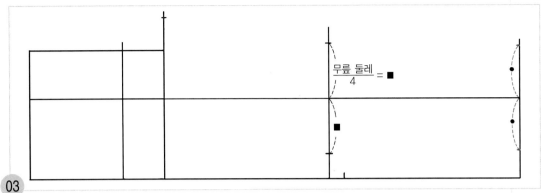

03

바짓단 폭/2-0.6cm 치수(●)를 주름산 선에서 각각 위아래로 바짓단 폭 끝점을 표시한다.

4. 밑아래 옆선과 안쪽 다리선을 그린다.

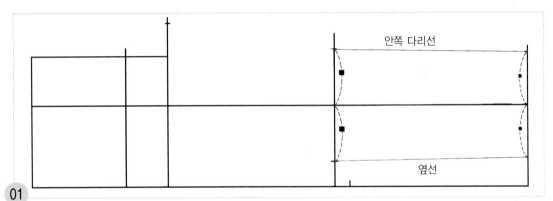

안쪽 다리선

옆선

01

무릎 폭 끝점과 바짓단 폭 끝점 두 점을 직선자로 연결하여 무릎 밑 옆선과 안쪽 다리선을 그린다.

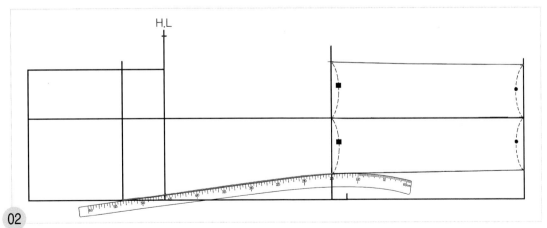

H.L

02

옆선 쪽 무릎 폭 끝점에 hip곡자 15 근처의 위치를 맞추면서 히프선과 연결하여 무릎 위 옆선을 그린다.

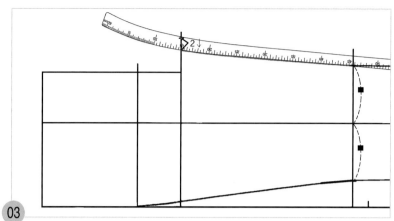

03

앞 밑위 선의 끝점에서 2cm 내려와 앞 밑둘레 폭 끝점을 표시한 다음, hip곡
자의 15 근처의 위치를 맞추면서 무릎 폭 점 표시와 연결하여 무릎 위 안쪽
다리선을 그린다.

5. 앞 중심선과 앞 밑둘레 선을 그린다.

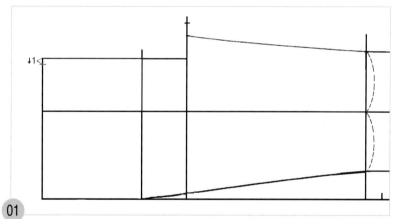

01

앞 중심 안내선 쪽 허리선 끝에서 1cm 허리선을 따라 내려와 앞 중심선 끝점
을 표시한다.

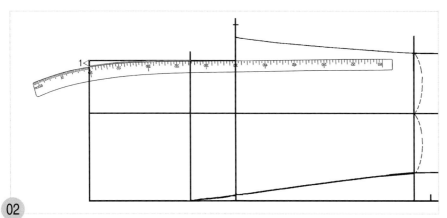

02 1cm 내려와 표시한 곳에 hip곡자 10 근처의 위치를 맞추면서 앞 중심 안내선상의 히프 선 위치와 연결하여 앞 중심선을 그린다.

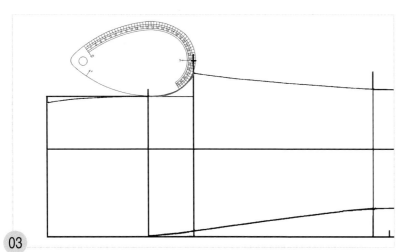

03 앞 밑둘레 폭 끝점과 앞 중심의 히프선 위치에 AH 자 앞쪽을 수평으로 바르 게 맞추어 대고 앞 밑둘레 선을 그린다.

※ 여기서 사용한 AH자와 다른 AH자를 사용할 경우 에는 앞 중심선과 밑위 선 의 교점에서 45° 각도로 2.5cm의 선을 그리고 앞 밑둘레 폭 끝점과 2.5cm 의 끝점을 통과하면서 앞 중심선과 연결되는 곡선으 로 맞추어 앞 밑둘레 선을 그린다.

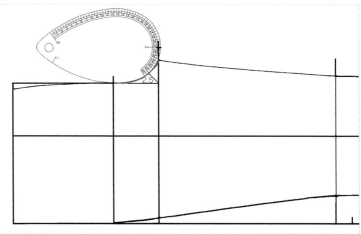

기본 팬츠 ● Straight Pants ┃ 21

6. 밑위 옆선을 그린다.

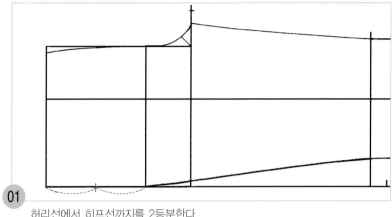

01 허리선에서 히프선까지를 2등분한다.

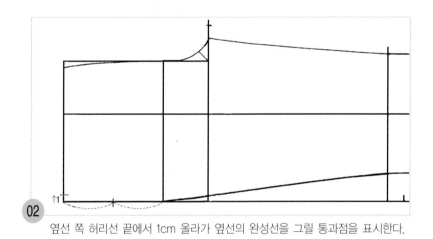

02 옆선 쪽 허리선 끝에서 1cm 올라가 옆선의 완성선을 그릴 통과점을 표시한다.

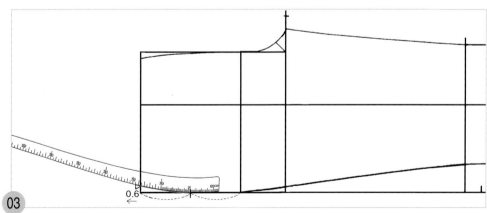

03 허리선에서 히프선까지 2등분한 점에 hip곡자의 5 근처의 위치를 맞추면서 1cm 올라가 표시한 점과 연결하여 히프선 위쪽 옆선의 완성선을 허리선에서 0.6cm 연장시켜 그린다.

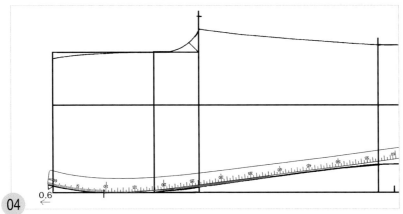

04 0.6cm 연장시켜 그린 옆선의 끝점에 hip곡자의 끝 위치를 맞추면서 무릎 위 옆선과 자연스럽게 연결되는 곡선으로 맞추어 옆선 쪽 히프선 위치의 각진 부분을 수정하여 옆선을 완성한다.

7. 허리선을 그리고 다트를 그린다.

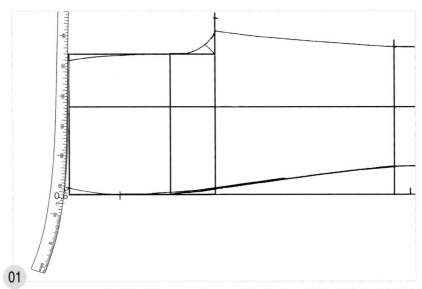

01 옆선의 0.6cm 올라간 끝점에 hip곡자 15 근처의 위치를 맞추면서 앞 중심선 끝과 연결하여 허리 완성선을 그린다.

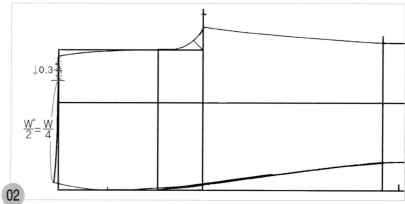

02 옆선 쪽 허리선 끝에서 앞 중심 쪽으로 W°/2=W/4 치수를 올라가 표시하고, 남은 허리선의 분량을 2등분한 다음, 2등분한 곳에서 0.3cm 옆선 쪽으로 이동하여 차이지는 두 개의 다트량을 표시해 둔다.

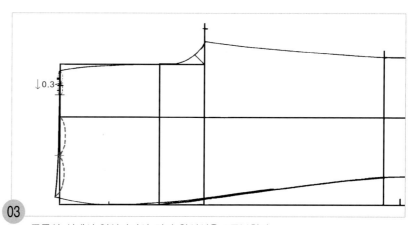

03 주름산 선에서 옆선까지의 허리 완성선을 2등분한다.

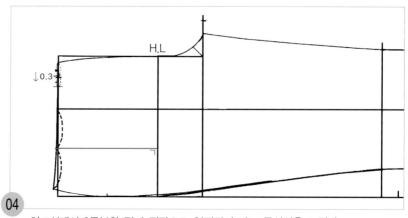

04 히프선에서 2등분한 점과 직각으로 연결하여 다트 중심선을 그린다.

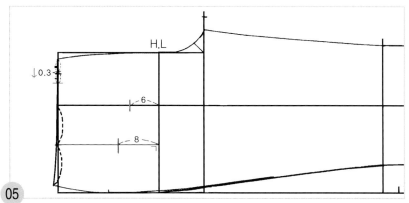

05 히프선에서 옆선 쪽 다트는 8cm, 앞 중심 쪽 다트는 6cm 허리선 쪽으로 올라가 다트 끝점을 표시한다.

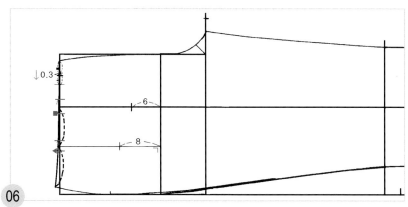

06 다트량이 많은 것(■)을 앞 중심 쪽 다트 중심선에서 다트량의 1/2씩 위아래로 나누어 표시하고, 다트량이 적은 것(▲)을 옆선 쪽 다트 중심선에서 다트량의 1/2 씩 위아래로 나누어 허리선 쪽 다트 위치를 표시한다.

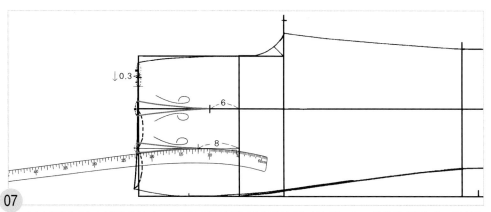

07 hip곡자가 다트 끝점에서 1cm 다트 중심선에 닿으면서 허리선 쪽 다트 위치와 연결되는 곡선을 찾아 맞추고 다트 완성선을 그린다(즉, 다트 끝점에 hip곡자 12 근처의 위치를 맞추면서 허리선 쪽 다트 위치와 연결하면 자연스런 다트선이 된다).

8. 지퍼 끝 위치를 표시하고 스티치 선을 그린다.

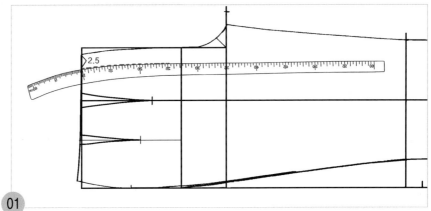

01

앞 중심선에서 2.5cm 내려와 지퍼 스티치 폭을 표시하고, 앞 중심 완성선을 그릴 때 사용한 똑같은 hip곡자로 맞추어 지퍼 스티치 선을 그린다.

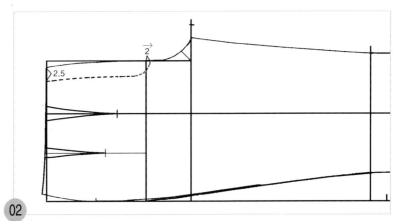

02

히프선에서 2cm 바짓단 쪽으로 내려가 지퍼 트임 끝 위치를 표시하고 스티치 선과 연결되는 곡선으로 지퍼 트임 끝쪽을 둥글게 그린다.

9. 주머니 입구 선을 그린다.

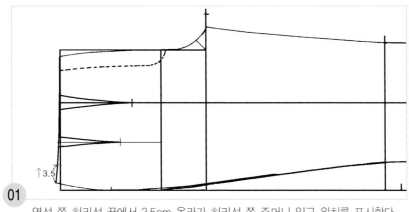

01 옆선 쪽 허리선 끝에서 3.5cm 올라가 허리선 쪽 주머니 입구 위치를 표시한다.

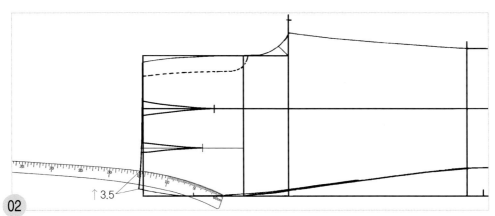

02 주머니 입구 위치를 표시한 허리선에 hip곡자의 15 위치를 맞추면서 hip곡자의 끝이 옆선과 맞닿는 곡선으로 맞추어 주머니 입구 선을 그린다.

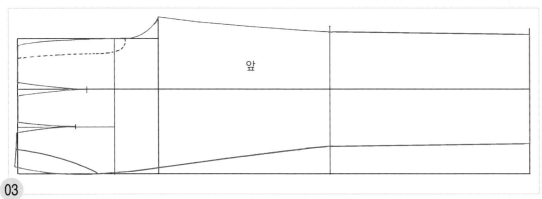

03 적색선이 앞판의 완성선이다.

1. 앞판을 옮겨 그린다.

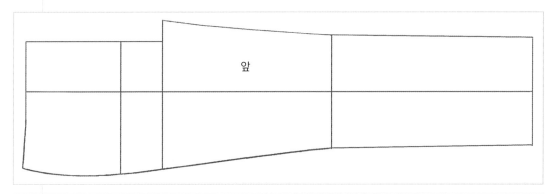

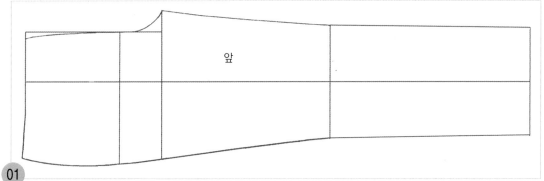

01 앞판의 기초선과 외곽 완성선을 새 패턴지에 옮겨 그리거나, 아래쪽의 그림처럼 앞판을 오려내어 새 패턴지 위에 핀으로 고정시킨다.

2. 무릎 밑선을 그린다.

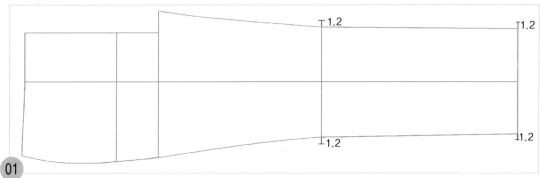

01 앞판의 무릎선과 바짓단 선 끝에서 각각 1.2cm씩 추가하여 뒤 무릎선과 바짓단 선을 그린다.

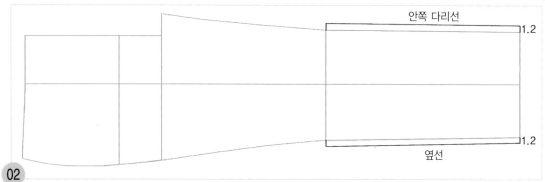

안쪽 다리선

1.2

1.2

옆선

02 1.2cm 추가한 무릎선과 바짓단 선의 두 점을 직선자로 연결하여 뒤 무릎 밑 옆선과 안쪽 다리선을 그린다.

3. 뒤 밑둘레 폭을 추가하고 무릎 위 안쪽 다리선을 그린다.

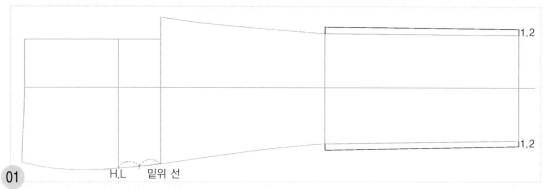

1.2

1.2

H.L   밑위 선

01 앞판의 히프선과 밑위 선의 옆선 거리를 2등분한다.

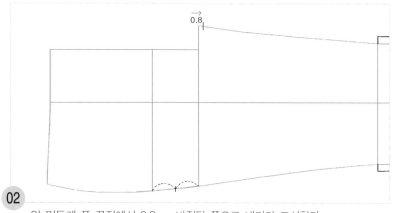

0.8

02 앞 밑둘레 폭 끝점에서 0.8cm 바짓단 쪽으로 내려가 표시한다.

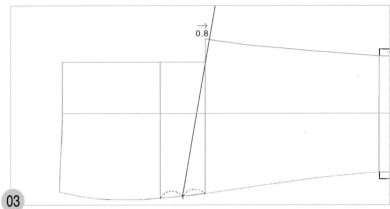

03 2등분한 점과 0.8cm 내려가 표시한 두 점을 직선자로 연결하여 위쪽으로 길게 뒤 밑위 선을 그린다.

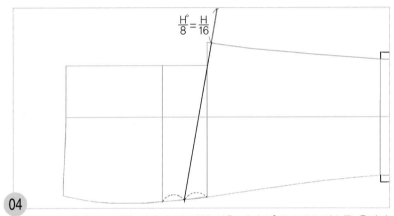

04 0.8cm 내려가 표시한 점에서 뒤 밑위 선을 따라 H°/8=H/16 치수를 올라가 뒤 밑둘레 폭 끝점을 표시한다.

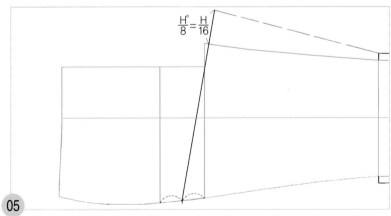

05 뒤 밑둘레 폭 끝점과 무릎선의 두 점을 직선자로 연결하여 무릎 위 안쪽 다리 안내선을 그린다.

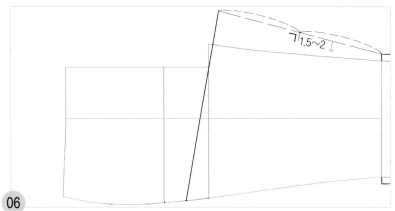

06

무릎 위 안쪽 다리 안내선을 2등분한 다음 직각으로 1.5~2cm 내려 그린다.
※ 1.5cm는 일반적, 2cm는 약간 바지통을 좁히는 경우임.

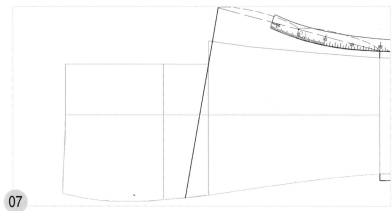

07

1.5~2cm 내려온 점, 즉 1.5cm 내려온 경우에는 hip곡자 5 근처, 2cm 내려
온 경우에는 hip곡자 7 근처의 위치를 맞추면서 무릎 밑선과 연결하여 뒤 안
쪽 다리선을 그린다.

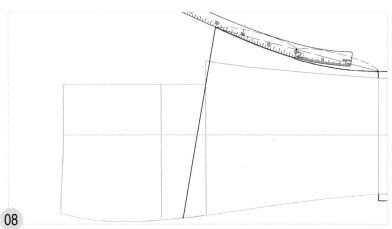

08

1.5~2cm 내려온 점, 즉 1.5cm 내려온 경우에는 hip곡자 10 근처, 2cm 내려
온 경우에는 hip곡자 5 근처의 위치를 맞추면서 뒤 밑둘레 폭 끝점과 연결하
여 무릎 위 안쪽 다리선을 완성한다.

4. 뒤 중심선을 그린다.

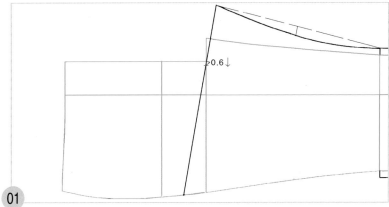

01 앞판의 앞 중심 안내선과 뒤 밑위 선의 교점에서 뒤 밑위 선을 따라 0.6cm 옆선 쪽으로 내려와 뒤 밑둘레 폭점을 표시한다.

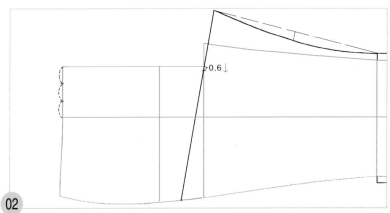

02 앞판의 앞 중심 쪽 허리선 끝에서 주름산 선까지의 허리선을 3등분한다.

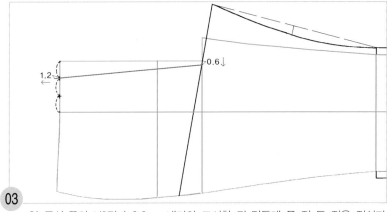

03 앞 중심 쪽의 1/3점과 0.6cm 내려와 표시한 뒤 밑둘레 폭 점 두 점을 직선자로 연결하여 뒤 중심선을 허리선 쪽에서 운동량으로서 1.2cm 추가하여 그린다.

5. 뒤 밑둘레 선을 그린다.

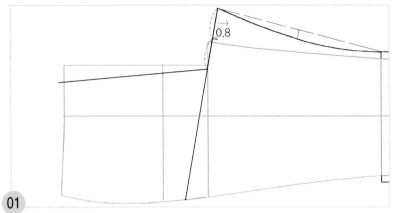

01 뒤 밑둘레 폭을 2등분하고, 2등분한 점에서 0.8cm 바짓단 쪽으로 내려 그린다.

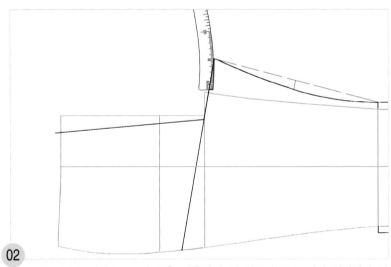

02 0.8cm의 끝점에 hip곡자 끝을 맞추면서 뒤 밑둘레 폭 끝점과 연결하여 뒤 밑둘레 선을 그린다.

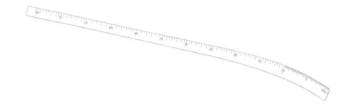

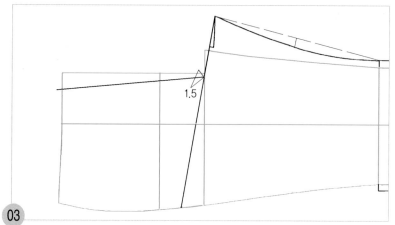

03 뒤 중심선과 뒤 밑둘레 선 사이의 중간을 통과하는 1.5cm의 통과선을 그린다.

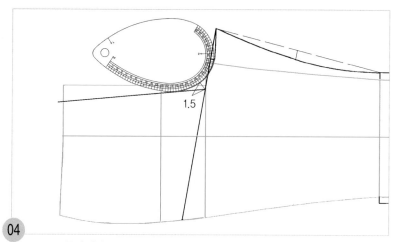

04 1.5cm 통과점과 0.8cm 내려간 곳의 두 점을 통과하면서 뒤 중심 안내선과 자연스럽게 연결되도록 AH자 뒤쪽을 사용하여 맞추고, 뒤 밑둘레 선을 완성 한다.

6. 뒤 무릎 위 옆선을 그린다.

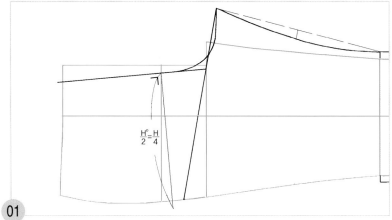

$$\frac{H^{\circ}}{2} = \frac{H}{4}$$

01

뒤 중심 안내선을 따라 앞판의 히프선 위치에서 직각으로 $H^{\circ}/2=H/4$ 치수의
뒤 히프선을 내려 그린다.

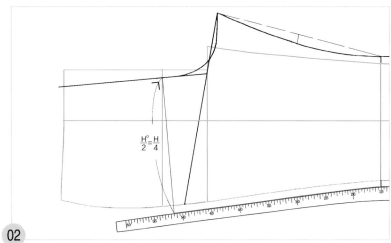

$$\frac{H^{\circ}}{2} = \frac{H}{4}$$

02

뒤 히프선의 끝점과 무릎선 두 점을 앞판에서 사용한 hip곡자의 똑같은 곡선
으로 맞추어 연결하고 무릎 위 옆선을 그린다.

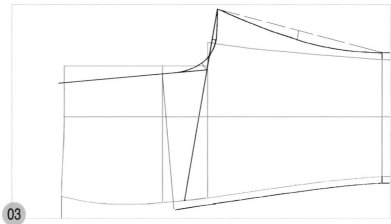

03 옆선 쪽 허리선 끝에서 수직으로 뒤 허리 안내선을 내려 그린다.

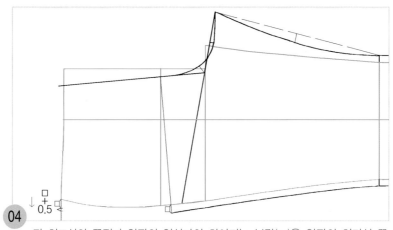

04 뒤 히프선의 끝점과 앞판의 옆선과의 차이지는 분량(ㅁ)을 앞판의 허리선 끝
에서 내려와 표시하고, 그 곳에서 0.5cm를 더 내려와 옆선의 완성선을 그릴
끝점을 표시한다.

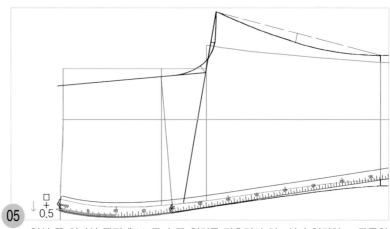

05 옆선 쪽 허리선 끝점에 hip곡자 끝 위치를 맞추면서 히프선과 연결하고, 무릎위
옆선과 자연스럽게 연결되는가를 확인하여 뒤 히프선 위쪽 옆선을 그린다.

7. 허리선을 그리고 다트를 그린다.

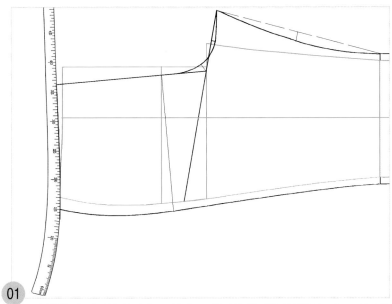

01 뒤 옆선 쪽 허리선 끝점에 hip곡자 15 근처의 위치를 맞추면서 1.2cm 추가하여 그린 뒤 중심선의 끝점과 연결하여 뒤 허리 완성선을 그린다.

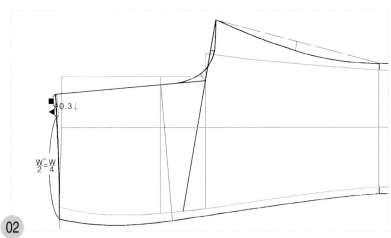

02 옆선 쪽 허리선 끝점에서 W°/2=W/4 치수를 올라가 표시하고, 남은 허리선의 분량을 2등분한 다음, 2등분한 점에서 0.3cm 옆선 쪽으로 이동하여 차이지는 두 개의 다트량을 표시해 둔다.

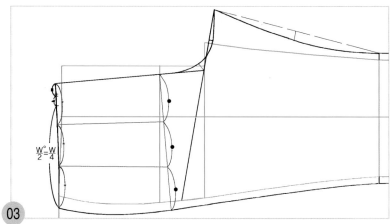

03 허리선과 히프선을 각각 3등분하고 1/3점끼리 직선자로 연결하여 다트 중심
선을 그린다.

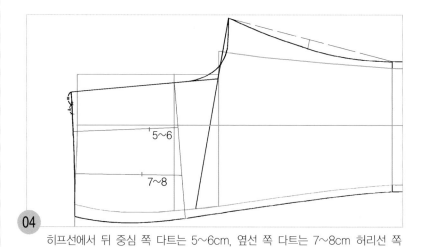

04 히프선에서 뒤 중심 쪽 다트는 5~6cm, 옆선 쪽 다트는 7~8cm 허리선 쪽
으로 올라가 다트 끝점을 표시한다.

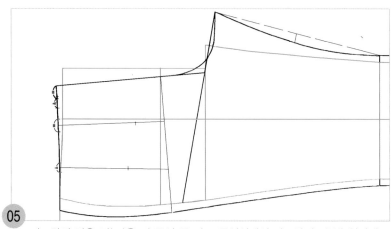

05 다트량이 많은 것(■)을 뒤 중심 쪽 다트 중심선에서 다트량의 1/2씩 위아래로
나누어 표시하고, 다트량이 적은 것(▲)은 옆선 쪽 다트 중심선에서 다트량의
1/2씩 위아래로 나누어 표시한다.

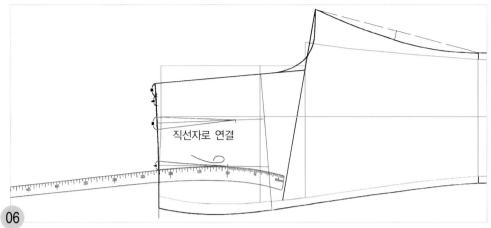

06 뒤 중심 쪽 다트는 다트 끝점과 허리선 쪽 다트 위치를 직선자로 연결하여 다트 완성선을 그리고, 옆선 쪽 다트는 다트 끝점에서 1cm가 다트 중심선에 닿으면서(즉, 다트 끝점에 hip곡자 10 위치를 맞추면서) 허리선 쪽 다트 위치와 연결되는 곡선을 찾아 맞추고 다트 완성선을 그린다.

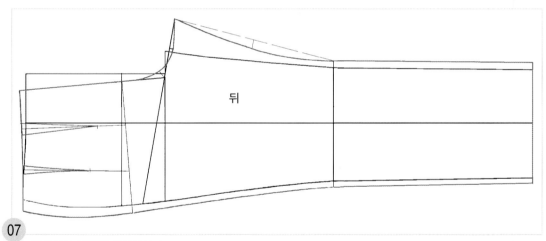

07 적색선이 뒤판의 완성선이다.

허리 벨트 그리기 ···▸

01

세로로 길게 허리 벨트 선을 그린다.

02

직각으로 허리 벨트 폭 3cm 의 뒤 중심선을 그린다.

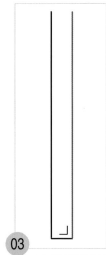

03

뒤 중심선에서 직각으로 허리 벨트 폭 선을 올려 그린다.

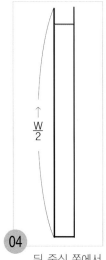

04

뒤 중심 쪽에서 W/2 치수를 올라가 앞 중심선을 그린다.

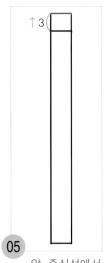

05

앞 중심선에서 3cm 올라가 앞 왼쪽 낸단분 선을 그린다.

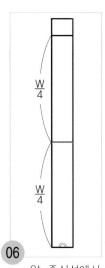

06

앞 중심선에서 뒤 중심선까지를 2등분하여 옆선 표시를 하고 뒤 중심선에 골선 표시를 한다.

테일러드 팬츠 Tailored Pants...

.ıı■ ■ P.A.N.T.S 02

스타일 ● ● ● 앞턱이 2개, 밑단(카브라)을 접어 올린 남성복 스타일의 팬츠. 앞뒤 모두 주름산이 잡혀 있다.

소 재 ● ● ● 촘촘하게 짜여진 멘즈(men's)용 울 소재가 주로 사용된다.

색 ● ● ● 검정, 감색, 회색 등 멘즈(men's)용이 코디하기 쉽다.

테일러드 팬츠의 제도 순서

제도 치수 구하기 ┅┅➤

계측 치수		제도 각자 사용 시의 제도 치수	일반 자 사용 시의 제도 치수
허리 둘레(W)	68cm	$W° = 34$	$W / 4 = 17cm$
엉덩이 둘레(H)	94cm	$H° = 47$	$H / 4 = 23.5cm$
바지 길이	92cm (벨트 제외)	92cm	
밑위 깊이		$H° / 2 + 2cm$	$H / 4 + 2cm = 25.5cm$
앞 밑둘레 폭		$H° / 8 - 0.6cm$	$H / 16 - 0.6cm = 5.3cm$
뒤 밑둘레 폭		$H° / 8 + 0.6cm$	$H / 16 + 0.6cm = 6.5cm$
바짓단 폭	18cm	$9cm - 6cm = 8.4cm$	

앞판 제도하기 ┅┅➤

1. 기초선을 그린다.

옆선의 안내선

01 수평으로 바지 길이 만큼 옆선의 안내선을 그린다.

바짓단 안내선

02 직각으로 바짓단 안내선을 그린다.

03 바짓단 선 쪽 옆선 끝에서 바지 길이를 재어 표시하고 직각으로 허리 안내선을 그린다.

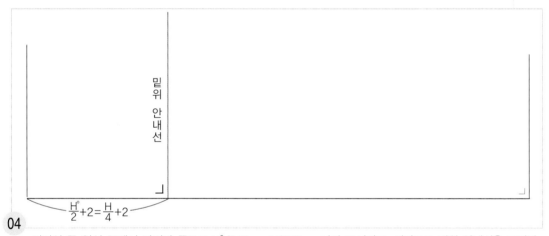

04 허리선 쪽 옆선 끝에서 바짓단 쪽으로 $H°/2+2cm=H/4+2cm$ 나가 표시하고, 직각으로 밑위 안내선을 그린다.

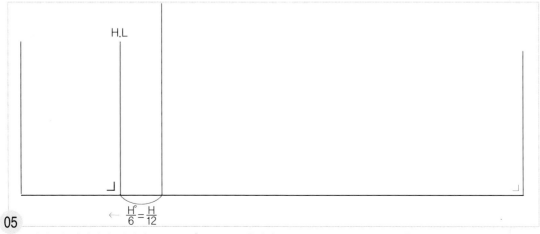

05 밑위 선 위치에서 허리선 쪽으로 $H°/6=H/12$ 올라가 표시하고 직각으로 히프선을 그린다.

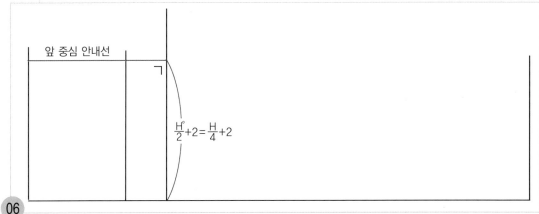

06 밑위 선의 옆선 위치에서 H°/2+2cm=H/4+2cm 치수를 올라가 표시하고 직각으로 앞 중심 안내선을 그린다.

2. 앞 밑둘레 폭을 추가해 밑위 선을 정하고 주름산 선을 그린다.

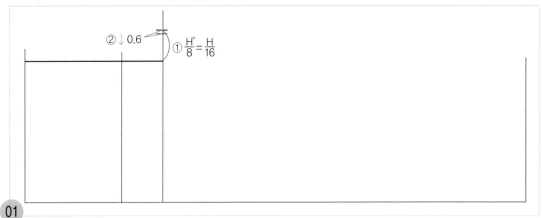

01 밑위 안내선과 앞 중심 안내선의 교점에서 H°/8=H/16 치수를 올라가 밑위 선 끝점을 표시하고, 그 곳에서 0.6cm 내려와 앞 밑둘레 폭 끝점을 표시한다.

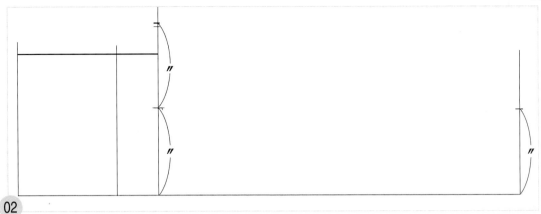

02 밑위 선 전체를 2등분하고, 그 1/2 치수를 바짓단 선 쪽에도 표시한다.

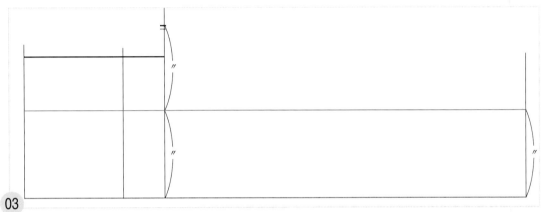

03 밑위 안내선의 1/2점 두 점을 직선자로 연결하여 허리선까지 앞 주름산 선을 그린다.

3. 무릎선을 그리고 바짓단 폭을 정해 옆선과 안쪽 다리을 그린다.

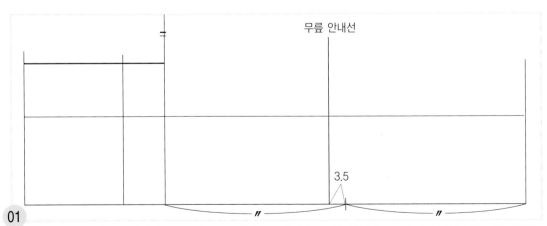

무릎 안내선

3.5

01 밑위 선에서 바짓단 선까지를 2등분하고 2등분한 곳에서 3cm 허리선 쪽으로 올라가 직각으로 무릎 안내선을 그린다.

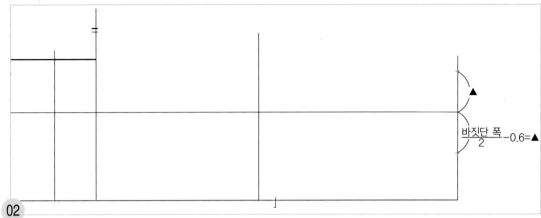

02 바짓단 폭/2-0.6cm 한 치수를 바짓단 쪽의 주름산 선에서 위아래로 각각 바짓단 폭 끝점을 표시한다.

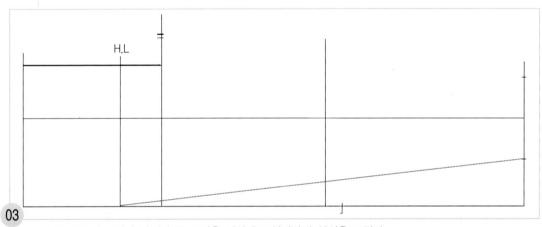

03 옆선 쪽 히프선 끝점과 바짓단 폭 끝점을 직선자로 연결하여 옆선을 그린다.

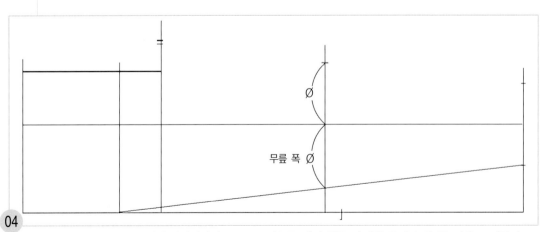

04 무릎 안내선의 주름산 선에서 옆선까지의 무릎 폭 치수를 재어 안쪽 다리선 쪽의 무릎 폭 점을 표시한다.

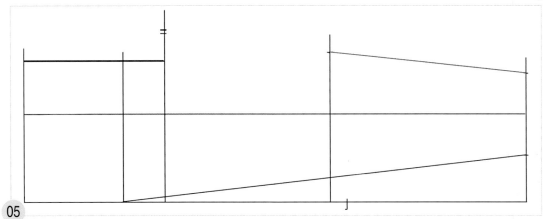

05 무릎 폭 점과 바짓단 폭 두 점을 직선자로 연결하여 무릎 밑 안쪽 다리선을 그린다.

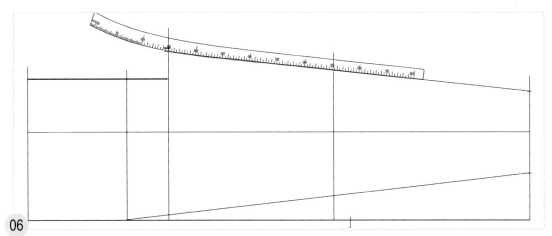

06 앞 밑둘레 폭 끝점에 hip곡자 15 근처의 위치를 맞추면서 무릎 폭 점과 연결하여 무릎 위 안쪽 다리선을 그린다.

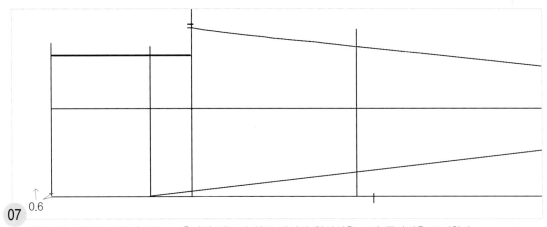

07 옆선 쪽 허리선 끝에서 0.6cm 올라가 히프선 위쪽 옆선의 완성선을 그릴 통과점을 표시한다.

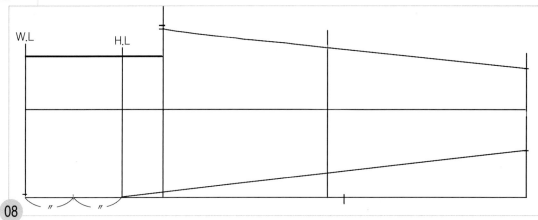

08 허리선과 히프선을 2등분한다.

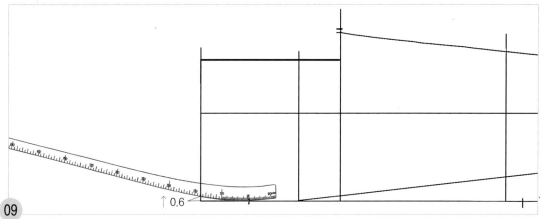

09 2등분한 위치에 hip곡자 5 근처의 위치를 맞추면서 0.6cm 올라가 표시한 통과점과 연결하여 히프선 위쪽 옆선의 완성선을 그린다.

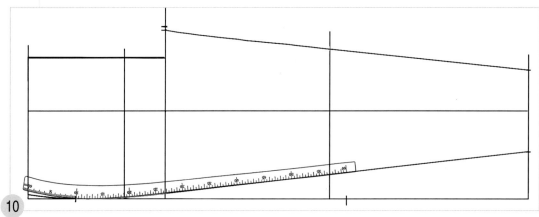

10 2등분한 위치에 hip곡자의 10 근처 위치를 맞추면서 밑아래 옆선과 연결하여 옆선 쪽 히프선 위치의 각진 부분을 자연스런 곡선으로 수정하여 옆선을 완성한다.

4. 앞 중심선과 앞 밑둘레 선을 그린다.

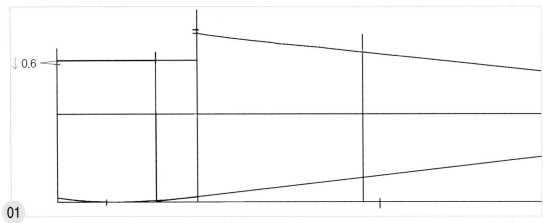

01

앞 중심 안내선 쪽 허리선 끝에서 0.6cm 내려와 앞 중심 완성선을 그릴 통과점을 표시한다.

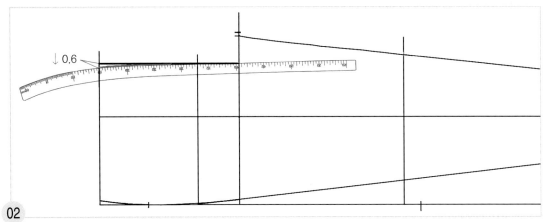

02

0.6cm 내려와 표시한 곳에 hip곡자 15 근처의 위치를 맞추면서 앞 중심 안내선상의 히프선 위치와 연결하여 앞 중심선을 그린다.

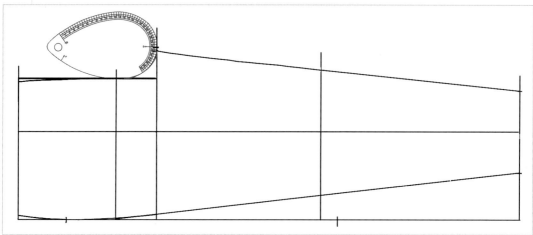

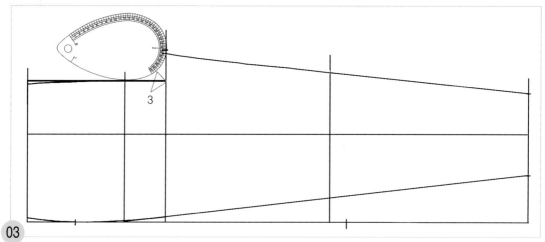

03

앞 밑둘레 폭 끝점과 앞 중심의 히프선 위치에 AH자 앞쪽을 수평으로 바르게 맞추어 대고, 앞 밑둘레 선을 그린다.

※ 여기서 사용한 AH자와 다른 AH자를 사용할 경우에는 아래쪽의 그림처럼 앞 중심과 밑위 안내선 교점에서 45° 각도로 3cm의 선을 그리고 앞 밑둘레 폭 끝점과 3cm의 끝점을 통과하면서 앞 중심선의 히프선 위치와 연결되는 AH자로 맞추고 앞 밑둘레 선을 그린다.

5. 턱 분량을 정해 턱선을 그린다.

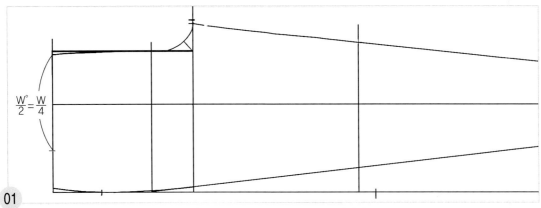

01
앞 중심 완성선의 허리선 끝에서 $W°/2 = W/4$ 치수를 내려와 표시한다.

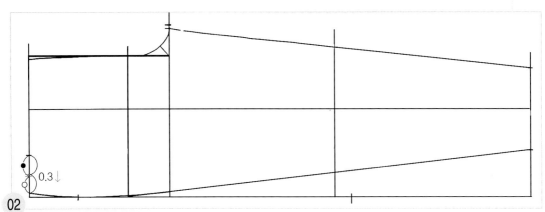

02
$W°/2 = W/4$ 치수를 제하고 남은 허리선의 분량을 2등분하고, 2등분한 점에서 0.3cm 옆선 쪽으로 이동하여 2개의 차이지는 턱 분량을 정한다.

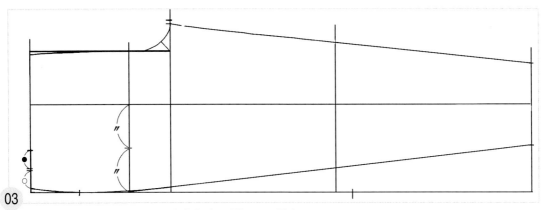

03
주름산 선에서 옆선의 안내선까지의 히프선을 2등분한다.

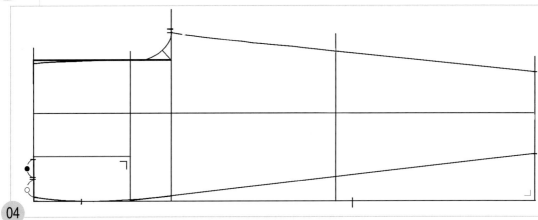

04 히프선에서 직각으로 허리선까지 턱 중심선을 그린다.

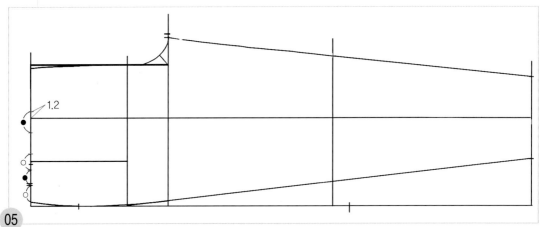

1.2

05 허리선 쪽의 주름산 선에서 1.2cm 앞 중심 쪽으로 올라가 앞 중심 쪽 턱 주름 위치를 표시하고, 턱 분량이 많은 것(●)을 턱 주름 위치 표시에서 내려와 표시한 다음, 턱 분량이 적은 것(○)을 턱 중심선에서 1/2씩 위아래로 나누어 표시한다.

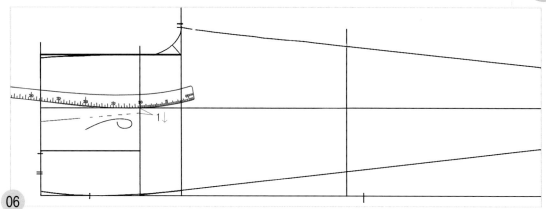

06 허리선의 앞 중심 쪽 턱 주름 위치와 히프선의 주름산 선 위치를 hip곡자로 연결하여 턱 주름선을 그리고, 주름산 선과 히프선의 교점에서 1cm 내려온 곳과 허리선 쪽 턱 분량 위치를 hip곡자로 연결하여 8cm 정도는 직선으로 나머지는 점선으로 그린다.

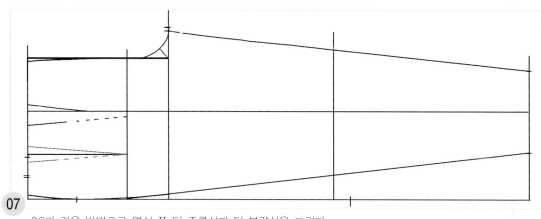

07 06과 같은 방법으로 옆선 쪽 턱 주름선과 턱 분량선을 그린다.

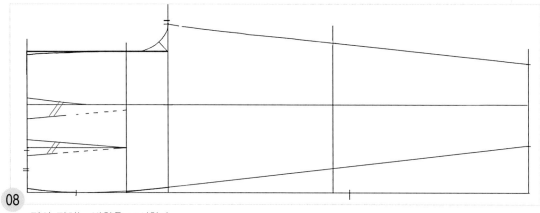

08 턱의 접히는 방향을 표시한다.

6. 주머니 입구 선을 그린다.

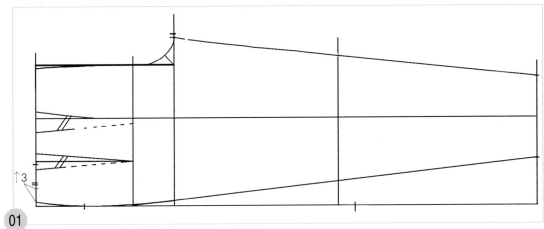

01 옆선 쪽 허리선 끝에서 3cm 올라가 주머니 입구 위치를 표시한다.

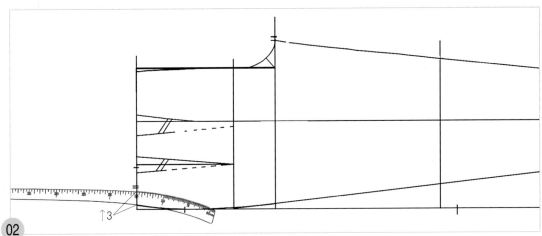

02 3cm 올라가 표시한 허리선 쪽 주머니 입구 위치에 hip곡자 15의 위치를 맞추면서 hip곡자의 끝이 옆선과 맞닿는 곡선으로 맞추고 주머니 입구 선을 그린다.

7. 지퍼 트임 끝 위치를 표시하고 스티치 선을 그린다.

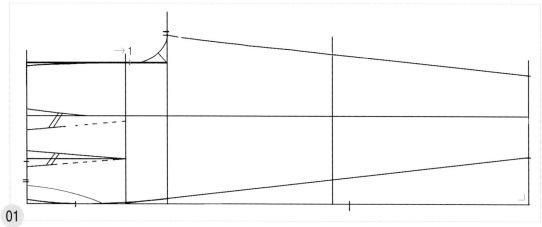

01 앞 중심 쪽 히프선에서 1cm 밑위 선 쪽으로 나가 지퍼 트임 끝 위치를 표시한다.

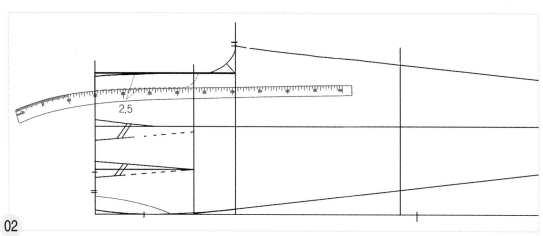

02 앞 중심선에서 2.5cm 폭으로 표시하고 앞 중심선을 그릴 때 사용한 똑같은 hip곡자의 위치로 맞추어 히프
선의 1cm 전까지 스티치 선을 그린 다음, 지퍼 트임 끝 위치와 곡선으로 스티치 선을 그린다.

8. 카브라 선을 그린다.

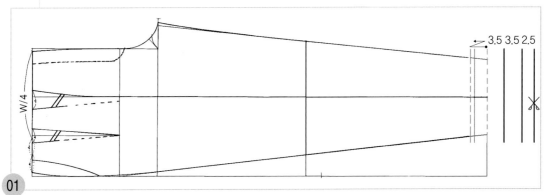

01

바짓단 선에서 3.5cm, 3.5cm, 2.5cm 간격으로 카브라 폭 선과 카브라 바짓단, 카브라 안단선을 세로로 내려 그린 다음, 카브라 안단선에서 오래내어 각 선을 차례로 바짓단까지 접어 올린 다음 옆선과 안쪽 다리선에서 오려낸다(또는 다른 종이에 카브라 폭선에서 카브라 안단선까지의 세로 선을 그리고 각 선에서 접어 바짓단 쪽에서 맞추고 옆선과 안쪽 다리선의 완성선을 따라 오려낸 다음 종이를 펴서 각진 부분을 각 선의 끝에 표시하고, 직선자로 각 점을 연결하여 그린다).

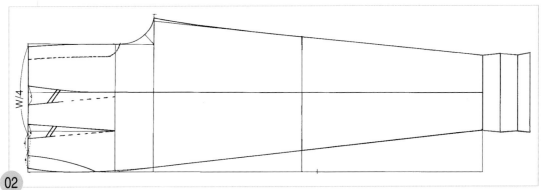

02

접었던 각 선을 펴서 보면 각 선의 끝에서 각이 생기게 되는데, 그 각진 선이 카브라의 옆선과 안쪽 다리선의 완성선이다.

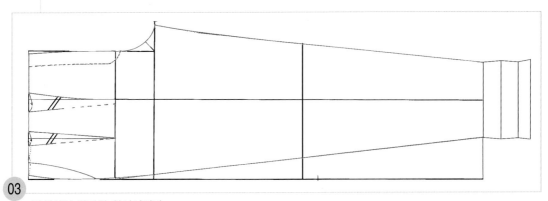

03

적색선이 앞판의 완성선이다.

뒤판 제도하기　　⋯⋯⟩

1. 앞판을 옮겨 그린다.

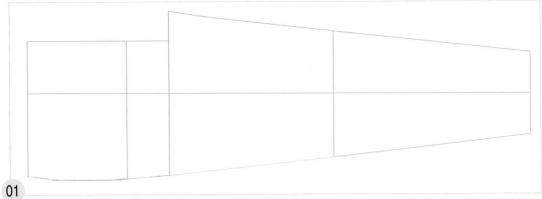

01

앞판의 기초선과 외곽 완성선을 새 패턴지에 옮겨 그린다.

2. 무릎 밑선을 그린다.

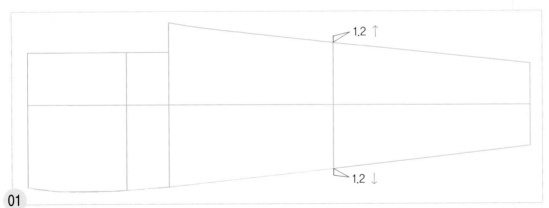

1.2 ↑

1.2 ↓

01

앞판의 무릎선 끝점에서 1.2cm씩 추가하여 뒤 무릎선을 그린다.

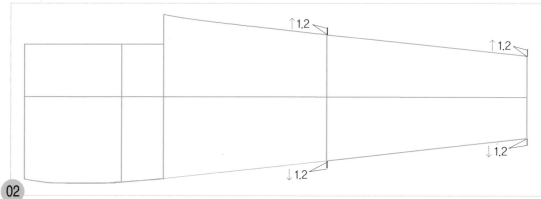

02 앞판의 바짓단 선 끝에서 1.2cm씩 추가하여 뒤 바짓단 선을 그린다.

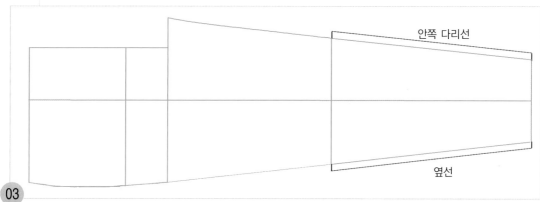

03 1.2cm씩 추가한 무릎선과 바짓단 선의 두 점을 직선자로 연결하여 무릎 밑 옆선과 안쪽 다리선을 그린다.

3. 뒤 밑둘레 폭을 추가하고 무릎 위 안쪽 다리선을 그린다.

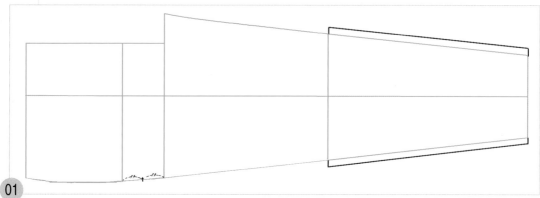

01 앞판의 히프선과 밑위 선의 옆선 거리를 2등분한다.

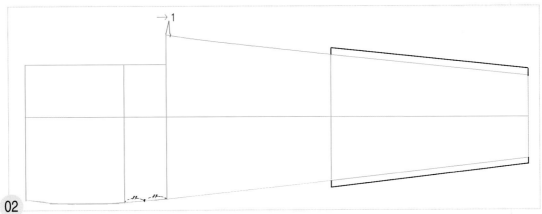

02 앞 밑둘레 폭 끝점에서 1cm 안쪽 다리선을 따라 내려가 뒤 밑위 선을 그릴 통과점을 표시한다.

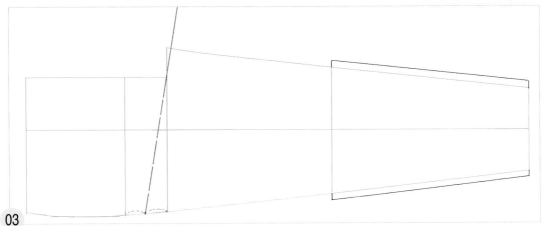

03 2등분한·점과 1cm 내려가 표시한 두 점을 직선자로 연결하여 위쪽으로 길게 뒤 밑위 안내선을 그린다.

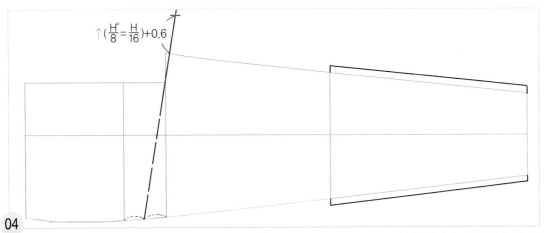

04 1cm 내려가 표시한 점에서 뒤 밑위 선을 따라 H°/8+0.6cm=H/16+0.6cm 치수를 올라가 뒤 밑둘레 폭 끝점을 표시한다.

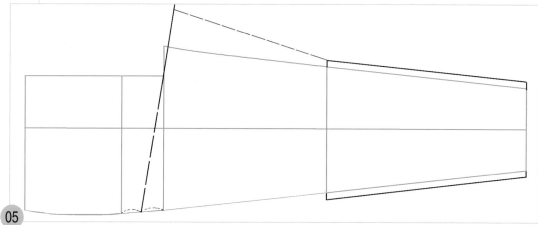

05 뒤 밑둘레 폭 끝점과 무릎선의 두 점을 직선자로 연결하여 무릎 위 안쪽 다리 안내선을 그린다.

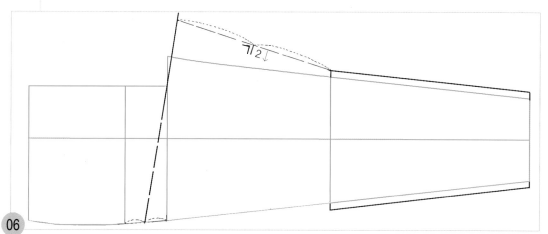

06 무릎 위 안쪽 다리 안내선을 2등분하여 직각으로 2cm 내려 그린다.

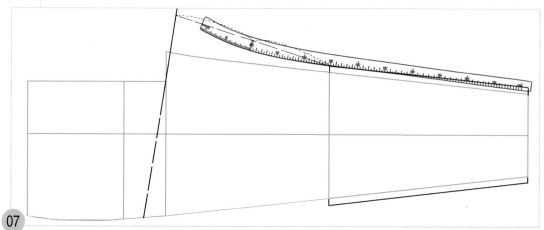

07 2cm 내려온 점에 hip곡자 10 근처의 위치를 맞추면서 무릎 폭 점과 연결하여 뒤 무릎 위 안쪽 다리선을 그린다.

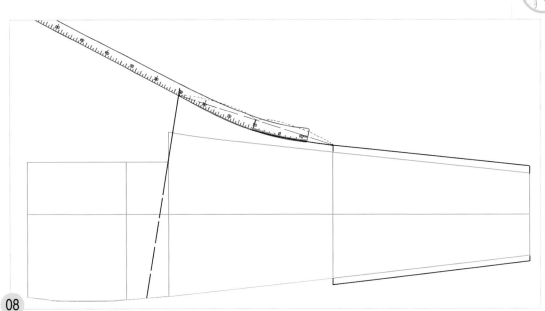

08

2cm 내려온 점에 hip곡자 10 근처의 위치를 맞추면서 뒤 밑둘레 폭 끝점과 연결하여 남은 무릎 위 안쪽 다리선을 그린다.

4. 뒤 중심선과 뒤 밑둘레 선을 그린다.

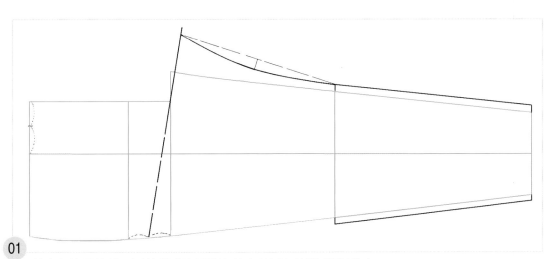

01

앞판의 앞 중심 쪽 허리선 끝에서 주름산 선까지의 허리선을 2등분한다.

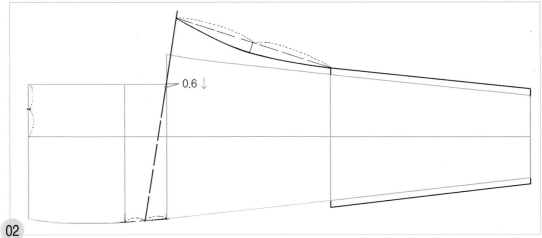

02

앞판의 앞 중심 안내선과 뒤 밑위 선의 교점에서 밑위 선을 따라 0.6cm 옆선 쪽으로 내려와 뒤 밑둘레 폭 점을 표시한다.

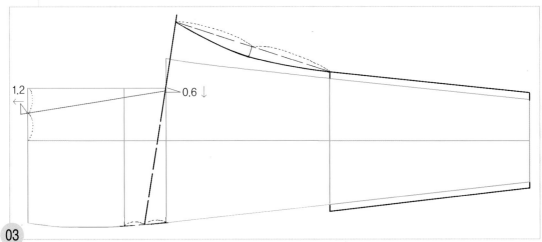

03

앞판의 허리선을 2등분한 점과 0.6cm 내려와 표시한 뒤 밑둘레 폭 점 두 점을 직선자로 연결하고, 허리선 쪽에서 운동량으로서 1.2cm를 추가하여 뒤 중심선을 그린다.

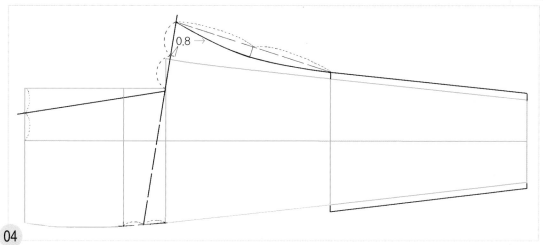

04 뒤 밑둘레 폭 선을 2등분하여 그 위치 1/2에서 0.8cm를 무릎선 쪽으로 그린다.

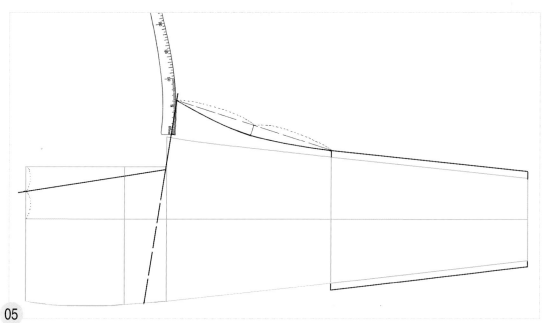

05 0.8cm 그린 끝점에 hip곡자 끝 위치를 맞추면서 뒤 밑둘레 폭 끝점과 연결하여 뒤 밑둘레 선을 그린다.

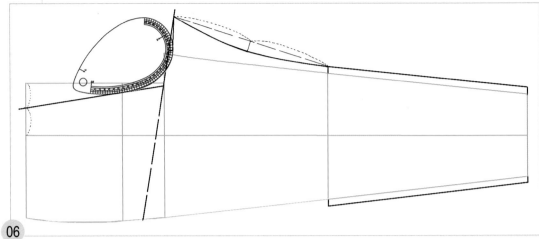

06 뒤 중심선과 0.8cm 그린 끝점에 AH자 뒤쪽을 사용하여 맞추었을 때 05에서 그린 선과 자연스럽게 연결되는 곡선으로 찾아 맞추고 남은 뒤 밑둘레 선을 그린다.

5. 뒤 히프선을 그리고 무릎 위 옆선을 그린다.

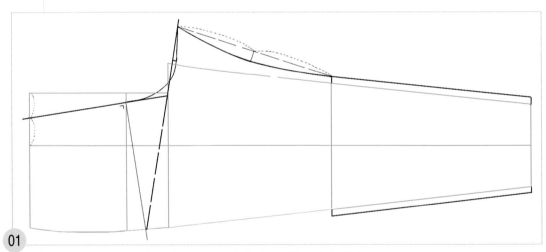

01 뒤 중심선의 앞판 히프선 위치에서 직각으로 뒤 히프선을 내려 그린다.

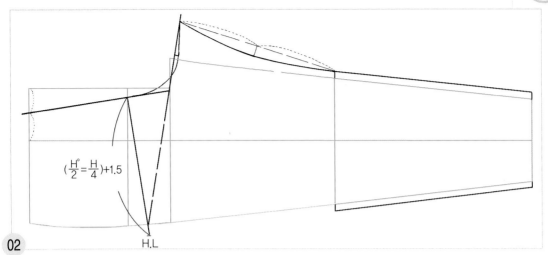

$$(\frac{H°}{2}=\frac{H}{4})+1.5$$

H.L

02 뒤 중심선 쪽에서 히프선을 따라 H°/2+1.5cm＝H/4+1.5cm 치수를 내려와 뒤 히프선 끝점을 표시한다.

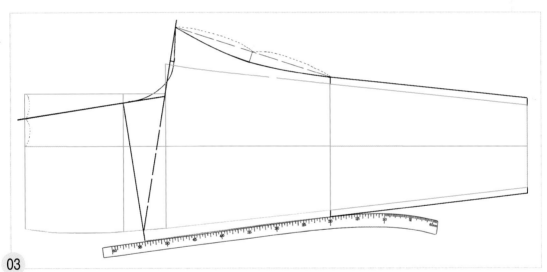

03 뒤 옆선 쪽 무릎선 끝점에 hip곡자 20 근처의 위치를 맞추면서 히프선 끝점과 연결하여 무릎 위 옆선을 그린다.

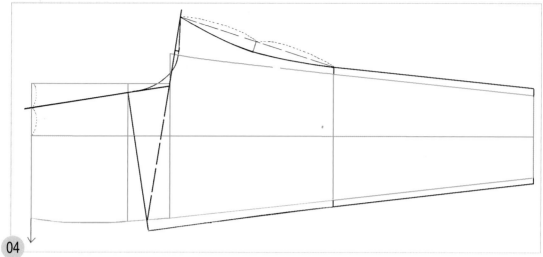

04 앞판의 옆선 쪽 허리선 끝에서 수직으로 뒤 허리 안내선을 그린다.

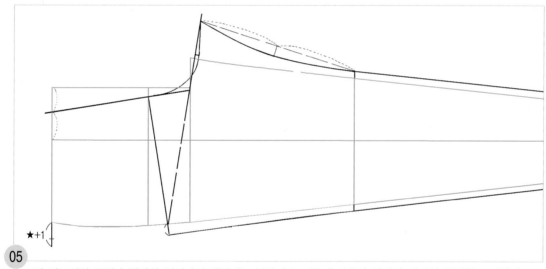

05 뒤 히프선의 끝점과 앞판의 옆선과의 차이지는 분량에 1cm를 추가하여 뒤판의 허리선 끝점을 표시한다.

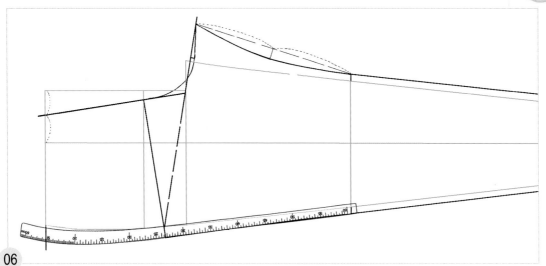

06

뒤판의 허리선 끝점에 hip곡자 5 근처의 위치를 맞추면서 히프선 아래쪽 옆선과 자연스럽게 연결하여 남은 뒤 옆선을 그린다.

6. 뒤 허리 완성선을 그리고 다트를 그린다.

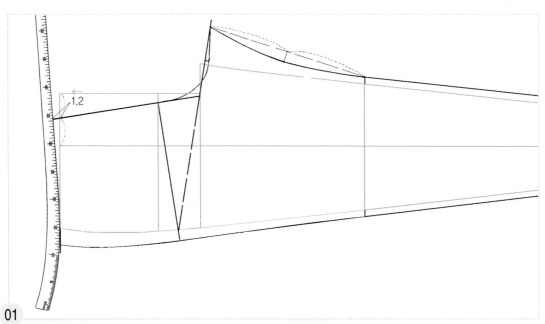

01

뒤 옆선 쪽 허리선 끝점에 hip곡자 15 근처의 위치 맞추면서 1.2cm 추가한 뒤 중심선 끝점과 연결하여 뒤 허리 완성선을 그린다.

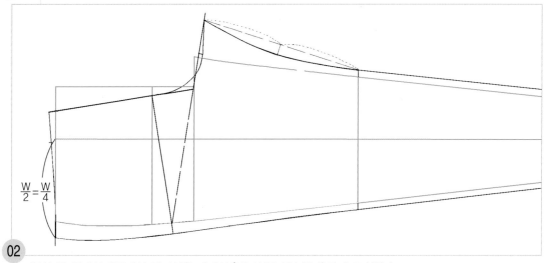

02

옆선 쪽 허리선 끝점에서 허리선을 따라 $W°/2=W/4$ 치수를 올라가 표시한다.

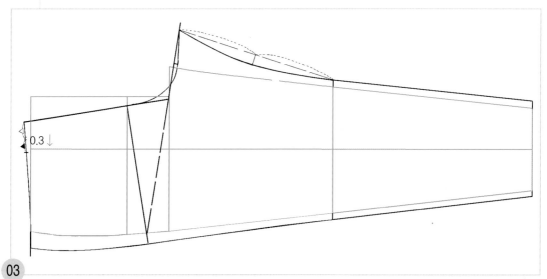

03

허리 완성선에서 $W°/2=W/4$ 치수를 제하고 남은 허리선의 분량을 2등분하고, 2등분한 점에서 0.3cm 옆선
쪽으로 이동하여 두 개의 차이지는 다트량을 표시해 둔다.

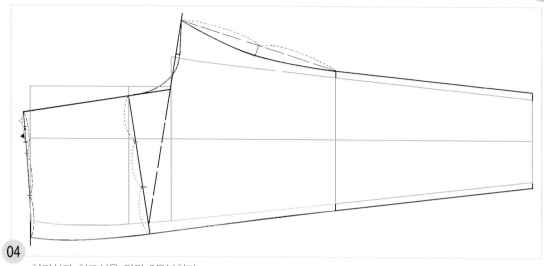

04 허리선과 히프선을 각각 3등분한다.

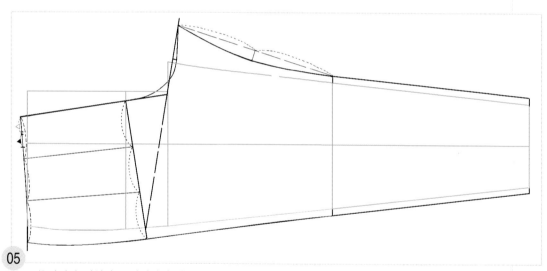

05 1/3점끼리 직선자로 연결하여 다트 중심선을 그린다.

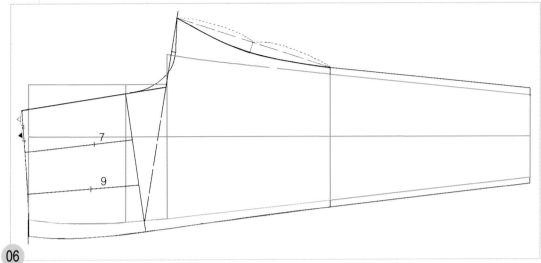

06 히프선에서 다트 중심선을 따라 뒤 중심 쪽 다트는 7cm, 옆선 쪽 다트는 9cm 허리선 쪽으로 올라가 다트 끝점을 표시한다.

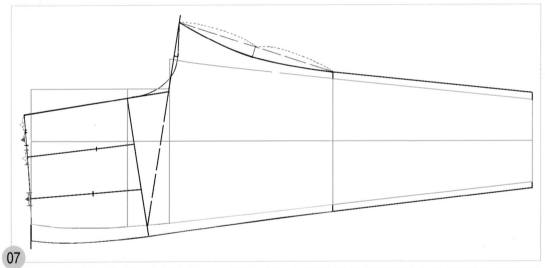

07 다트량이 많은 것(△)을 뒤 중심 쪽 다트 중심선에서 다트량의 1/2씩 위아래로 나누어 표시하고, 다트량이 적은 것(▲)을 옆선 쪽 다트 중심선에서 다트량의 1/2씩 위아래로 나누어 허리선 쪽 다트 위치를 표시한다.

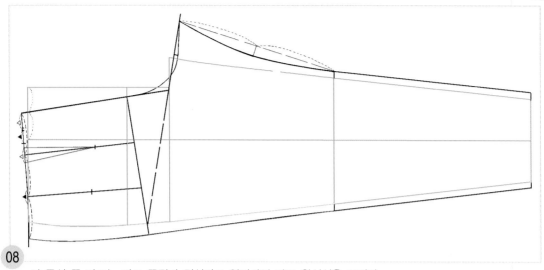

08 뒤 중심 쪽 다트는 다트 끝점과 직선자로 연결하여 다트 완성선을 그린다.

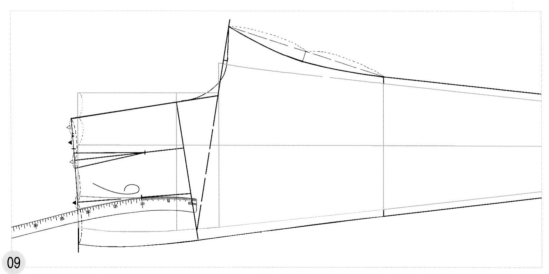

09 옆선 쪽 다트는 hip곡자가 다트 끝점에서 1cm 다트 중심선에 닿으면서(즉, hip곡자 10 근처의 위치를 맞춤) 허리선 쪽 다트 위치와 연결되는 곡선을 찾아 맞추고 다트 완성선을 그린다.

7. 카브라 선을 그린다.

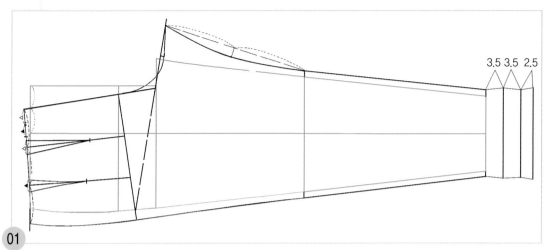

01 앞판과 같은 방법으로 카브라 선을 그린다.

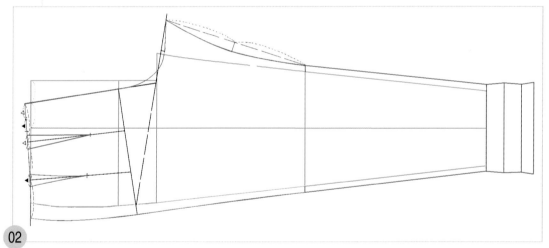

02 청색선은 앞판의 기초선과 외곽 완성선이고, 적색선이 뒤판의 완성선이다.

허리 벨트 그리기 ⋯⋯▸

01 수평으로 길게 허리 벨트 선을 그린다.

뒤 중심

ㄱ 3.5

02 허리 벨트 폭을 3.5cm로 하여 직각으로 뒤 중심
선을 내려 그린다.

3.5

03 01에서 그린 허리선의 왼쪽에서 3.5cm 재어 표
시하고 직선으로 허리 벨트 폭 선을 그린다.

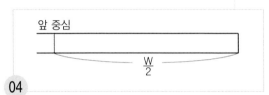

앞 중심

$\frac{W}{2}$

04 뒤 중심선에서 W/2 치수를 재어 표시하고 직각
으로 앞 중심선을 그린다.

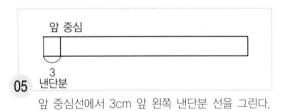

앞 중심

3
낸단분

05 앞 중심선에서 3cm 앞 왼쪽 낸단분 선을 그린다.

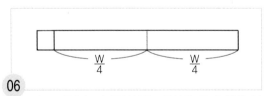

$\frac{W}{4}$ $\frac{W}{4}$

06 앞 중심선과 뒤 중심선을 2등분한 곳에 옆선 위
치를 표시한다.

07 뒤 중심선에 골선 표시를 넣는다.

벨보텀 팬츠 Bell-bottom Pants...

P.A.N.T.S 03

스타일 ● ● ● 허리선에서 히프 선에 걸쳐서 몸에 딱 맞고 무릎 약간 위에서부터 밑단 쪽을 향해 넓어지는 종 모양의 실루엣 바지이다.

소 재 ● ● ● 인체의 움직임이 많은 부분에 착용하는 의복이므로 탄력이 있고, 잘 구겨지지 않는 천을 선택하는 것이 좋다. 슬림한 각선미를 강조하고 약동감 넘치는 디자인을 표현하는 소재로는 신축성이 있는 스트레치 소재가 적합하다.

벨보텀 팬츠의 제도 순서

제도치수 구하기 ····

계측 치수		제도 각자 사용 시의 제도 치수	일반 자 사용 시의 제도 치수
허리 둘레(W)	68cm	$W° = 34$	$W / 4 = 17cm$
엉덩이 둘레(H)	94cm	$H° = 47$	$H / 4 = 23.5cm$
바지 길이	92cm (벨트 제외)	92cm	
밑위 깊이		$H° / 2 + 1.5cm$	$H / 4 + 1.5cm = 25cm$
앞 밑둘레 폭		$H° / 8 - 2cm$	$H / 16 - 2cm = 3.8cm$
뒤 밑둘레 폭		$H° / 8$	$H / 16 = 5.8cm$
무릎 둘레	40cm	$40 / 4 - 0.6cm = 9.4cm$	
바짓단 폭		무릎 둘레 $/ 4 - 0.6 + 3cm = 40 / 4 - 0.6cm + 3cm = 12.4cm$	

앞판 제도하기 ····

1. 기초선을 그린다.

옆선의 안내선

01

수평으로 바지 길이 만큼 옆선의 안내선을 그린다.

허
리
안
내
선

└

02

직각으로 허리 안내선을 그린다.

바짓단 안내선

바지 길이

03 옆선 쪽 허리선 끝에서 바지 길이 치수를 재어 표시하고, 직각으로 바짓단 안내선을 그린다.

밑위 안내선

$(\frac{H^\circ}{2}=\frac{H}{4})+1.5 \rightarrow$

04 허리선에서 바짓단 쪽으로 H°/2+1.5cm=H/4+1.5cm를 나가 표시하고 직각으로 밑위 안내선을 그린다.

HL

$\leftarrow \frac{H^\circ}{6}=\frac{H}{12}$

05 밑위 선 위치에서 허리선 쪽으로 H°/6=H/12 나가 표시하고, 직각으로 히프선을 그린다.

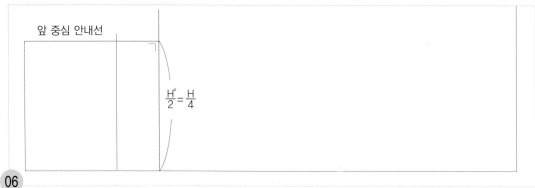

06 밑위 선의 옆선 위치에서 H°/2=H/4 올라가 표시하고 직각으로 허리 안내선까지 연결하여 앞 중심 안내선을 그린다.

2. 앞 밑둘레 폭을 추가해 밑위 선을 정하고 주름산 선을 그린다.

01 앞 중심 안내선과 밑위 안내선의 교점에서 H°/8=H/16 치수를 올라가 밑위 선 끝점을 표시한다.

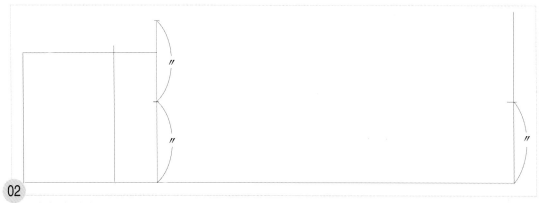

02 밑위 선 전체를 2등분하고 그 1/2 치수를 바짓단 쪽에도 표시한다.

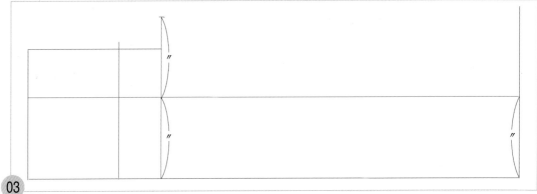

03 밑위 선과 바짓단 선의 1/2점 두 점을 직선자로 연결하여 허리선까지 앞 주름산 선을 그린다.

3. 무릎 폭과 바짓단 폭을 정해 밑아래 옆선과 안쪽 다리선을 그린다.

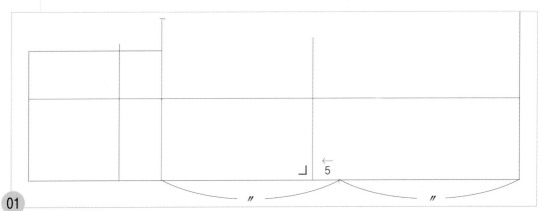

01 밑위 선에서 바짓단 선까지를 2등분하여 표시하고, 2등분한 점에서 허리선 쪽으로 5cm 올라가 직각으로 무릎 안내선을 그린다.

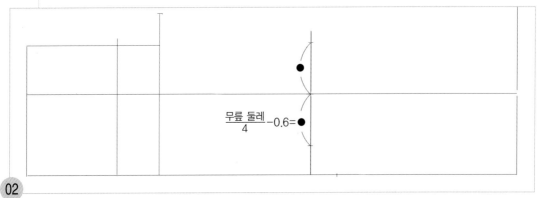

02 무릎 둘레 치수/4-0.6cm 한 치수를 주름산 선에서 각각 위아래로 표시하여 무릎 폭 끝점을 표시한다.

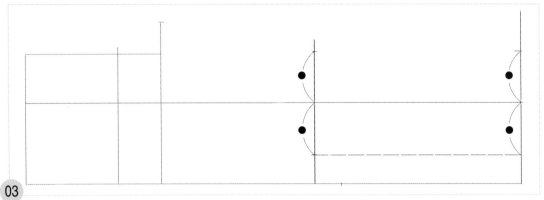

03 주름산 선에서 무릎 폭의 치수를 재어 같은 치수를 바짓단 쪽 주름산 선에서 위아래에 표시한다.

04 바짓단 쪽의 표시에서 위아래로 각각 3cm씩 추가하여 바짓단 폭을 정한다.

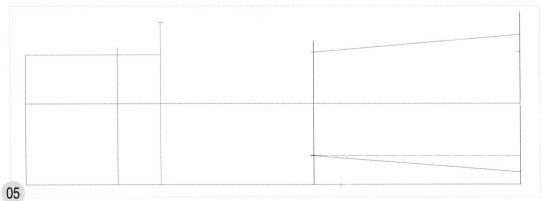

05 무릎 폭 점과 바짓단 폭 점 두 점을 직선자로 연결하여 무릎 밑 옆선과 안쪽 다리선을 그린다.

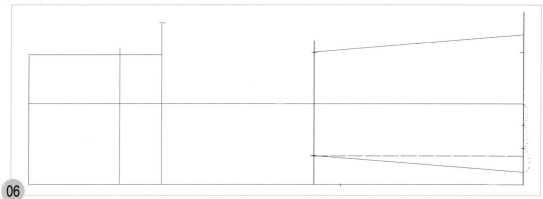

06

주름산 선에서 옆선 쪽 바짓단 폭까지를 3등분한다.

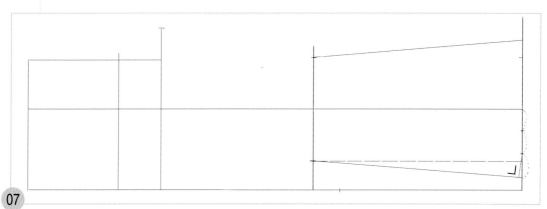

07

바짓단 선의 1/3지점과 옆선에서 직각으로 연결하여 무릎 밑 옆선의 길이를 정한다.

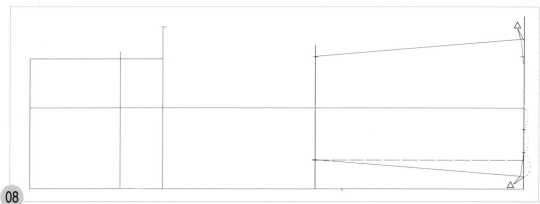

08

직각으로 그린 옆선 쪽의 바짓단 선과 기초선에서 그려둔 바짓단 선과의 차이지는 분량(△)을 재어 안쪽 다리선 쪽에 표시하고 직각으로 바짓단 선과 연결한다.

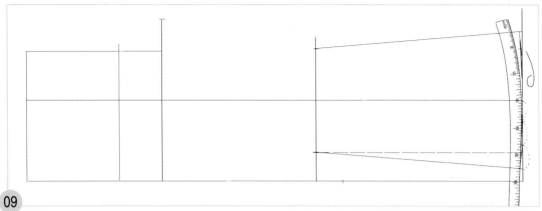

09 hip곡자 15 근처의 위치를 주름산 선 위치에 맞추면서 바짓단 쪽 1/3 위치와 연결하여 바짓단 선을 자연스런 곡선으로 수정한 다음, 안쪽 다리선 쪽도 hip곡자를 수직 반전하여 1/3 위치의 각진 곳을 자연스런 곡선으로 수정한다.

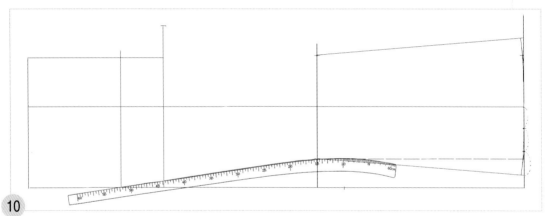

10 옆선 쪽 무릎 폭 점에 hip곡자 15 근처의 위치를 맞추면서 히프선과 연결하여 무릎 위 옆선을 그린다.

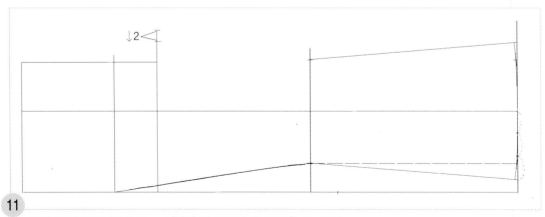

11 밑위 안내선 끝점에서 2cm 내려와 앞 밑둘레 폭 끝점을 표시한다.

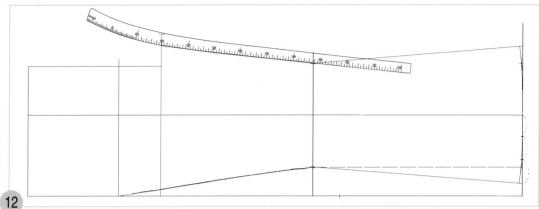

⑫ 앞 밑둘레 폭 끝점에 hip곡자 15 근처의 위치를 맞추면서 무릎 폭 점과 연결하여 무릎 위 안쪽 다리선을 그린다.

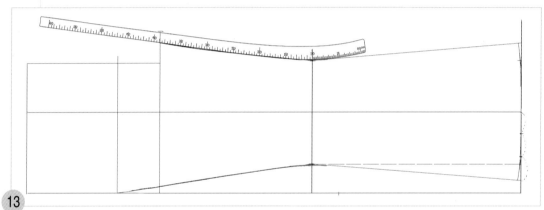

⑬ 무릎 폭의 각진 곳을 무릎선에 hip곡자의 10 위치를 맞추어 자연스런 곡선으로 수정한다.

4. 밑위 옆선의 완성선을 그린다.

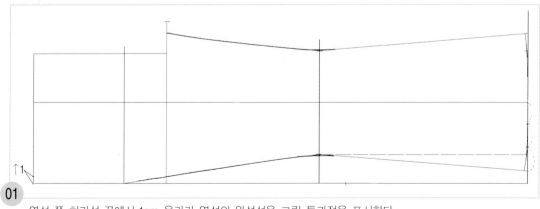

⑪ 옆선 쪽 허리선 끝에서 1cm 올라가 옆선의 완성선을 그릴 통과점을 표시한다.

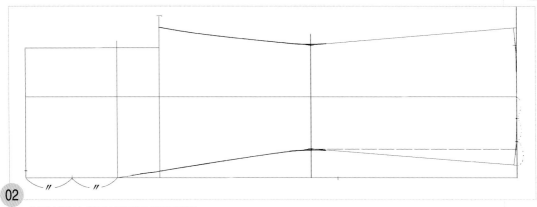

02 허리선에서 히프선까지를 2등분한다.

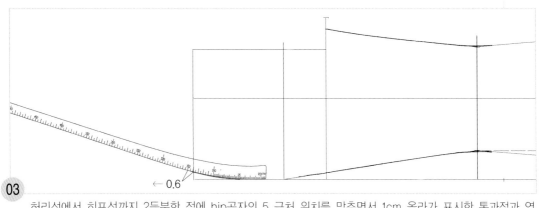

03 허리선에서 히프선까지 2등분한 점에 hip곡자의 5 근처 위치를 맞추면서 1cm 올라가 표시한 통과점과 연결하여 히프선 위쪽 옆선의 완성선을 허리선에서 0.6cm 연장시켜 그린다.

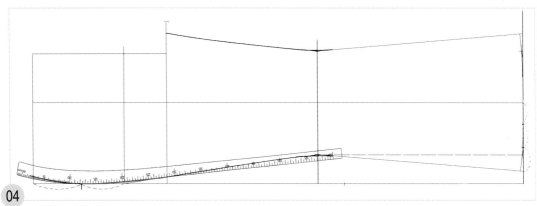

04 허리선에서 히프선까지의 2등분한 위치에 hip곡자 12 근처의 위치를 맞추면서 무릎선 위쪽의 옆선과 자연스럽게 연결되는 곡선으로 맞추고 옆선 쪽 히프선 위치의 각진 부분을 자연스런 곡선으로 수정한다.

벨보텀 팬츠 ● Bell-botton Pants **83**

5. 앞 중심선과 앞 밑둘레 선을 그린다.

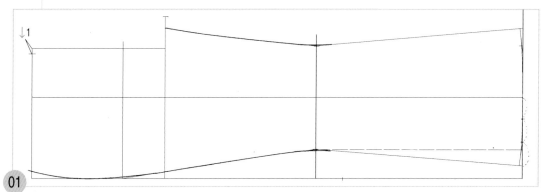

01 앞 중심 안내선 쪽 허리선 끝에서 1cm 허리선을 따라 내려와 앞 중심선 끝점을 표시한다.

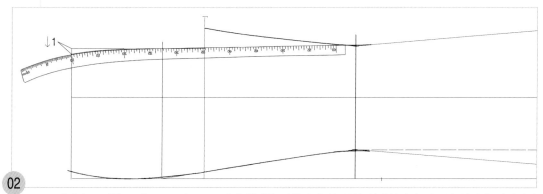

02 1cm 내려와 표시한 곳에 hip곡자 10 근처의 위치를 맞추면서 앞 중심 안내선상의 히프선 위치와 연결하여 앞 중심선을 그린다.

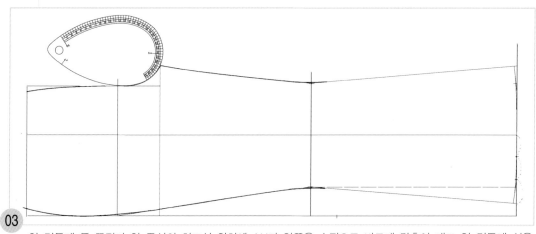

03 앞 밑둘레 폭 끝점과 앞 중심의 히프선 위치에 AH자 앞쪽을 수평으로 바르게 맞추어 대고 앞 밑둘레 선을 그린다.

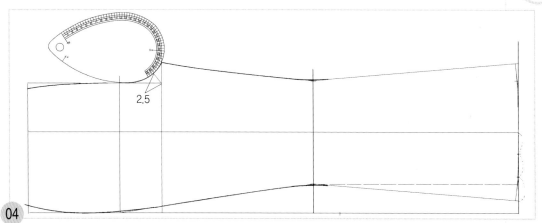

2.5

04 여기사 사용한 AH자와 다른 AH자를 사용할 경우에는 앞 중심선과 밑위 선의 교점에서 45° 각도로 2.5cm 의 선을 그리고 앞 밑둘레 폭 끝점과 2.5cm의 끝점을 통과하면서 앞 중심선과 연결되는 곡선으로 맞추어 앞 밑둘레 선을 그린다.

6. 허리 완성선을 그리고 다트를 그린다.

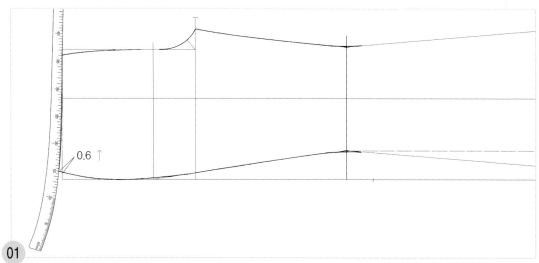

0.6 ↑

01 옆선의 0.6cm 올라간 위치에 hip곡자 15 근처의 위치를 맞추면서 앞 중심선과 연결하여 허리 완성선을 그 린다.

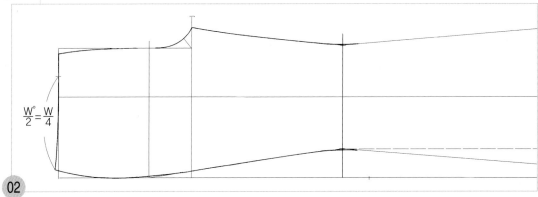

02 옆선 쪽 허리 완성선의 끝점에서 W°/2=W/4 치수를 올라가 표시한다.

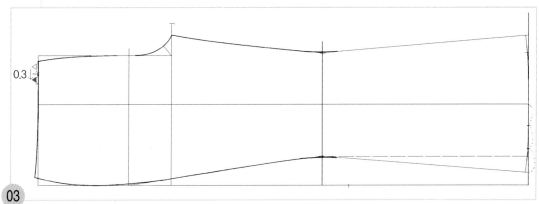

03 허리 완성선에서 W°/2=W/4 치수를 제하고 남은 허리선의 분량을 2등분하고 2등분한 위치에서 0.3cm 옆
선 쪽으로 이동하여 차이지는 두 개의 다트량을 표시해 둔다.

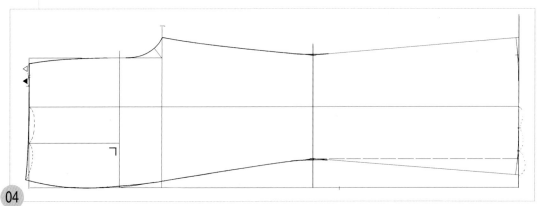

04 주름산 선에서 옆선까지의 허리선 거리를 2등분하고 히프선에서 직각으로 2등분한 점과 연결하여 다트 중
심선을 그린다.

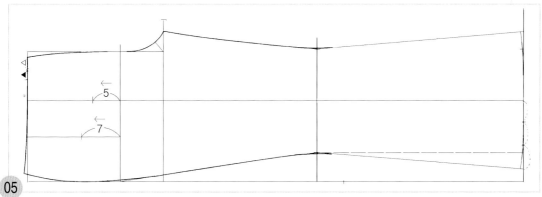

05 앞 중심 쪽 다트는 주름산 선을 다트 중심선으로 하여 히프선에서 5cm, 옆선 쪽 다트는 7cm 허리선 쪽으로 올라가 다트 끝점을 표시한다.

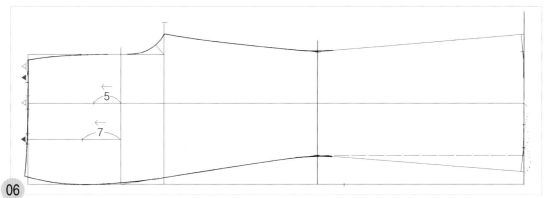

06 다트량이 많은 것(△)을 앞 중심 쪽 다트 중심선에서 다트량의 1/2식 위아래로 나누어 표시하고, 다트량이 적은 것(▲)을 옆선 쪽 다트 중심선에서 1/2씩 위아래로 나누어 허리선 쪽 다트 위치를 표시한다.

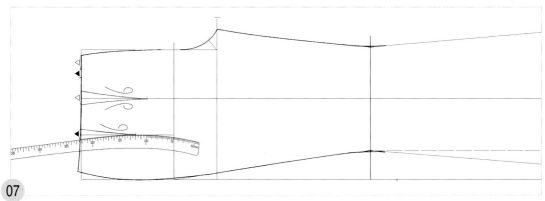

07 다트 끝점에 hip곡자 12 근처의 위치를 맞추면서 허리선 쪽 다트 위치와 연결하여 다트 완성선을 그린다.

7. 주머니 입구 선을 그린다.

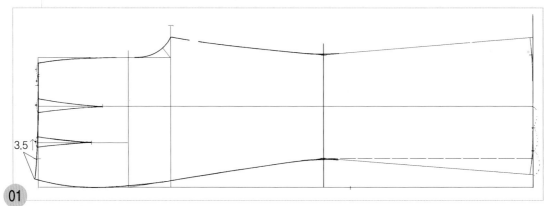

옆선 쪽 허리선 끝에서 3.5cm 올라가 허리선 쪽 주머니 입구 위치를 표시한다.

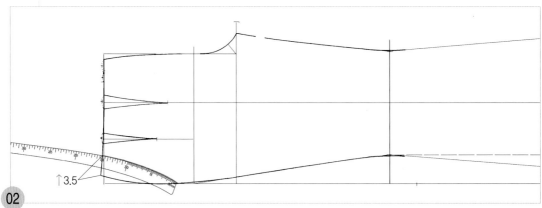

3.5cm 올라간 주머니 입구의 표시에 hip곡자 15 위치를 맞추면서 hip곡자의 끝이 옆선과 닿는 곡선으로 맞추어 주머니 입구 선을 그린다.

8. 속주머니 선을 그린다.

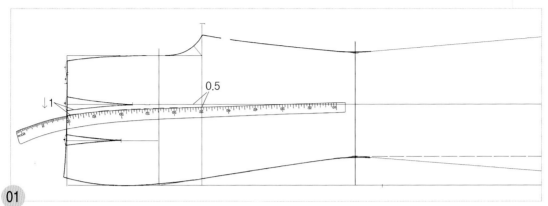

01 앞 중심 쪽 허리선 다트선 끝과 주름산 선에서 1cm 내려와 표시하고 hip곡자로 연결하여 밑위 선의 0.5cm 전까지 1cm 폭으로 주머니 깊이 선을 그린다.

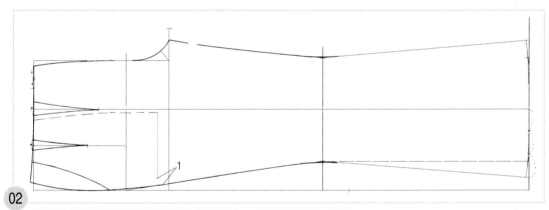

02 주머니 깊이의 끝점에서 직각으로 옆선의 1cm 전까지 내려 그린다.

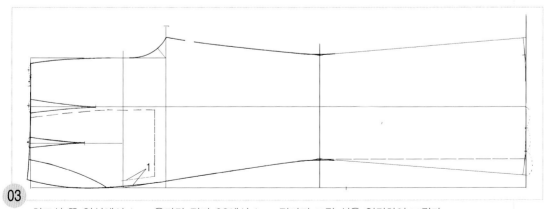

03 히프선 쪽 옆선에서 1cm 올라간 점과 02에서 1cm 전까지 그린 선을 연결하여 그린다.

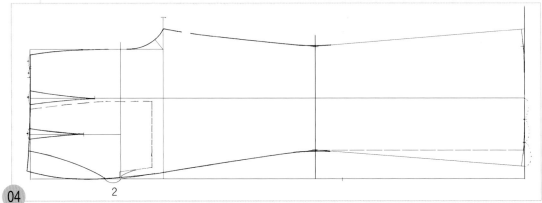

04 옆선 쪽 주머니 입구 선의 끝점에서 2cm 바짓단 쪽으로 나간 곳과 03에서 그린 선의 중간까지 곡선으로 그린다.

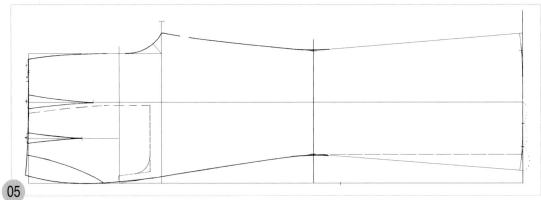

05 주머니 아래쪽의 각진 곳도 곡선으로 수정하여 속주머니 선을 완성한다.

9. 지퍼 끝 위치를 표시하고 스티치 선을 그린다.

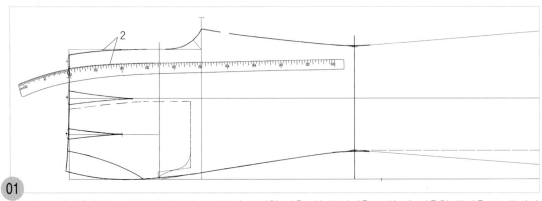

01 앞 중심선에서 2cm 폭으로 히프선 근처까지 표시한 다음, 앞 중심선을 그릴 때 사용한 똑같은 hip곡자의 위치로 맞추어 지퍼 스티치 선을 그린다.

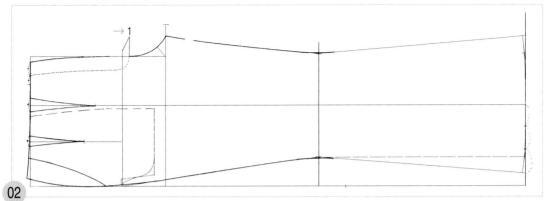

02 히프선에서 1cm 밑위 선 쪽으로 나가 지퍼 트임 끝 위치를 표시하고, 스티치 선과 연결되는 곡선으로 지퍼 트임 끝쪽을 둥글게 그린다.

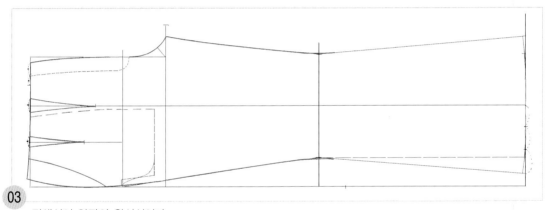

03 적색선이 앞판의 완성선이다.

뒤판 제도하기 ·····▶

1. 앞판을 옮겨 그린다.

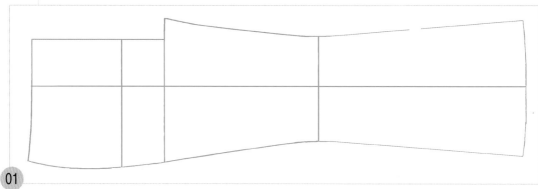

01

앞판의 기초선과 외곽 완성선을 새 패턴지에 옮겨 그린다.

2. 무릎 밑 옆선과 안쪽 다리선을 그린다.

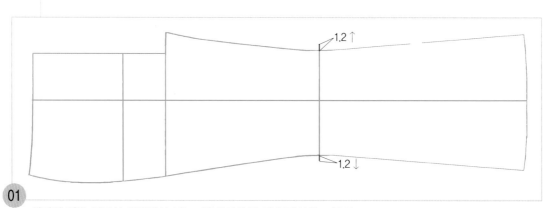

1.2 ↑

1.2 ↓

01

앞판의 양쪽 무릎선 끝점에서 1.2cm씩 추가하여 뒤 무릎선을 그린다.

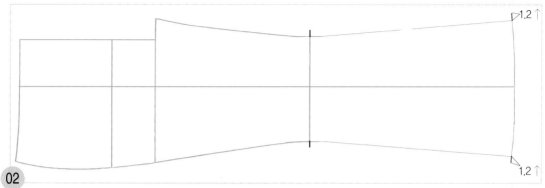

02

앞판의 양쪽 바짓단 선 끝에서 직각으로 1.2cm씩 추가하여 뒤 바짓단 선을 그린다.

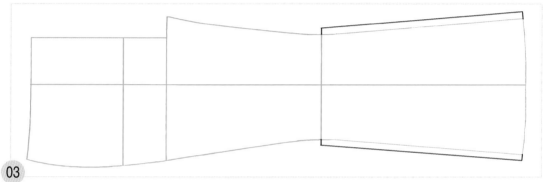

03

1.2cm씩 추가한 무릎선과 바짓단 선의 두 점을 직선자로 연결하여 무릎 밑 옆선과 안쪽 다리선을 그린다.

3. 뒤 밑둘레 폭을 추가하고 무릎 위 안쪽 다리선을 그린다.

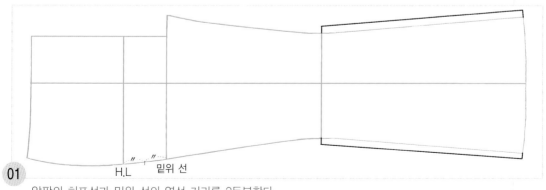

H.L   밑위 선

01

앞판의 히프선과 밑위 선의 옆선 거리를 2등분한다.

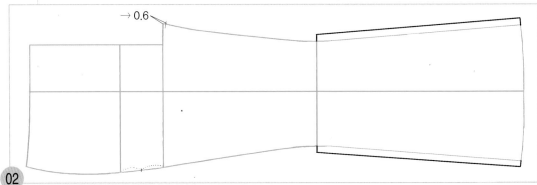

02 앞 밑둘레 폭 끝점에서 0.6cm 안쪽 다리선을 따라 내려가 뒤 밑위 선을 그릴 통과점을 표시한다.

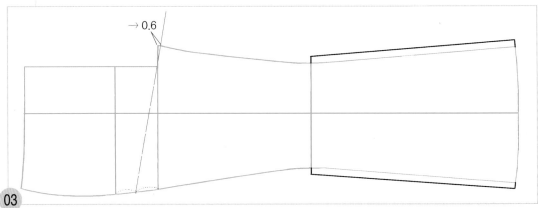

03 2등분한 점과 0.6cm 나가 표시한 두 점을 직선자로 연결하여 위쪽으로 길게 뒤 밑위 안내선을 그린다.

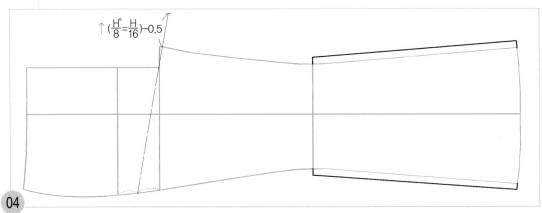

04 0.6cm 나가 표시한 점에서 뒤 밑위 안내선을 따라 H°/8-0.5cm=H/16-0.5cm 치수를 올라가 뒤 밑둘레 폭 끝점을 표시한다.

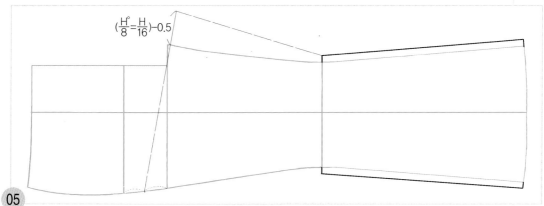

$$\left(\frac{H^{\circ}}{8}=\frac{H}{16}\right)-0.5$$

05 뒤 밑둘레 폭 끝점과 무릎선의 두 점을 직선자로 연결하여 뒤 무릎 위 안쪽 다리 안내선을 그린다.

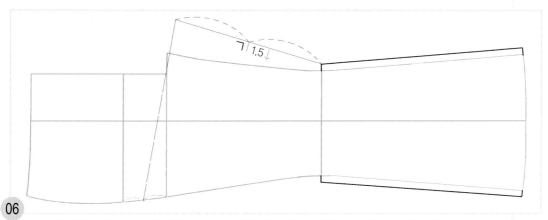

ㄱ 1.5↓

06 무릎 위 안쪽 다리 안내선을 2등분한 다음, 2등분한 점에서 직각으로 1.5cm 내려 그린다.

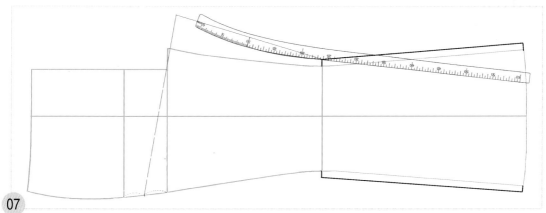

07 1.5cm 내려온 점에 hip곡자 10 근처의 위치를 맞추면서 무릎 폭 점과 연결하여 뒤 무릎 위 안쪽 다리선을
그린 다음 앞판과 마찬가지로 무릎선의 각진 부분을 곡선으로 수정한다.

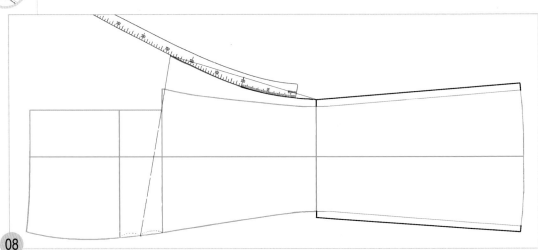

08

1.5cm 내려온 곳에 hip곡자 10 근처의 위치를 맞추면서 뒤 밑둘레 폭 끝점과 연결하여 남은 뒤 무릎 위 안쪽 다리선을 그린다.

4. 뒤 중심선을 그린다.

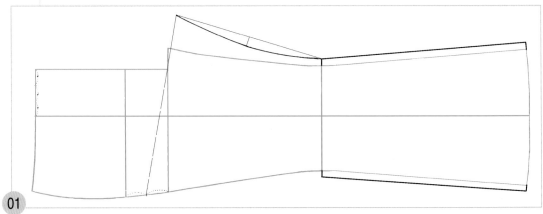

01

앞판의 앞 중심 쪽 허리선 끝에서 주름산 선까지의 허리선을 3등분한다.

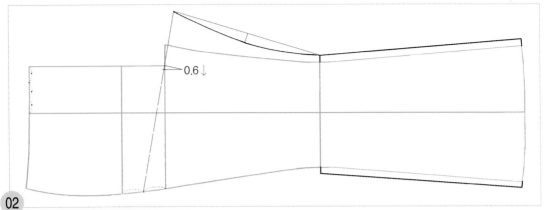

02 앞판의 앞 중심 안내선과 뒤 밑위 안내선의 교점에서 밑위 안내선을 따라 0.6cm 내려와 뒤 밑둘레 폭 점을 표시한다.

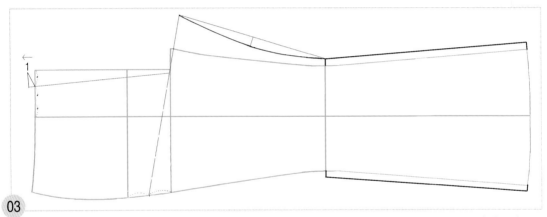

03 앞판의 허리선을 3등분한 1/3점과 뒤 밑둘레 폭 점 두 점을 직선자로 연결하고 허리선 쪽에서 운동량으로서 1cm를 추가하여 뒤 중심선을 그린다.

5. 뒤 밑둘레 선을 그린다.

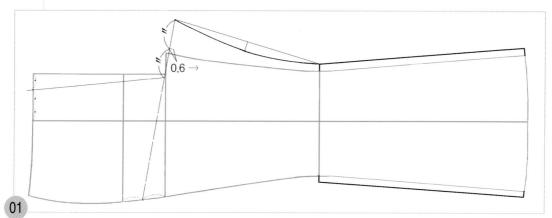

01

뒤 밑둘레 폭을 2등분하여 1/2점에서 무릎선 쪽으로 0.6cm 그린다.

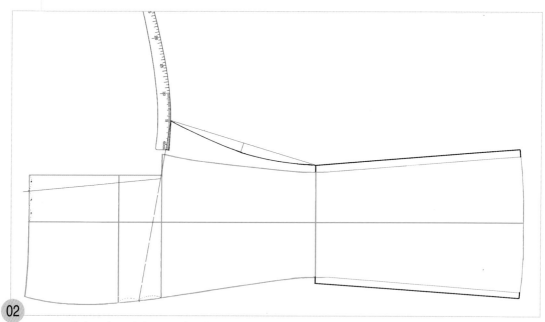

02

0.6cm 내려 그린 끝점에 hip곡자 끝을 맞추면서 뒤 밑둘레 폭 끝점과 연결하여 뒤 밑둘레 선을 그린다.

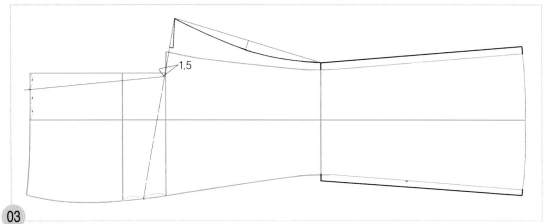

03

뒤 중심 쪽 밑둘레 폭 점에서 뒤 중심선과 뒤 밑둘레 폭 선 사이의 중간을 통과하는 1.5cm의 선을 그린다.

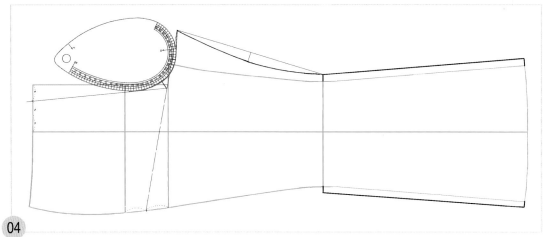

04

뒤 중심선과 0.6cm 나간 두 점을 AH자 뒤쪽을 사용하여 1.5cm 통과점을 통과하면서 연결되는 곡선으로 맞추고 남은 뒤 밑둘레 선을 그린다.

6. 뒤 무릎 위 옆선을 그린다.

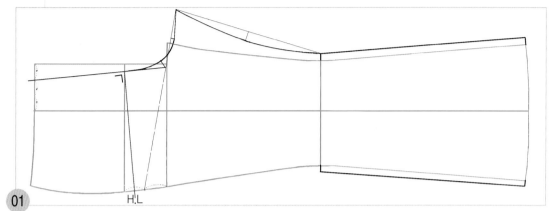

01 앞판의 히프선 위치에서 뒤 중심선에 직각으로 뒤 히프선을 내려 그린다.

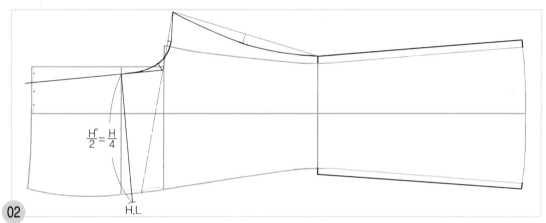

$$\frac{H°}{2} = \frac{H}{4}$$

02 뒤 중심선 쪽에서 히프선을 따라 H°/2=H/4 치수를 내려와 뒤 히프선 끝점을 표시한다.

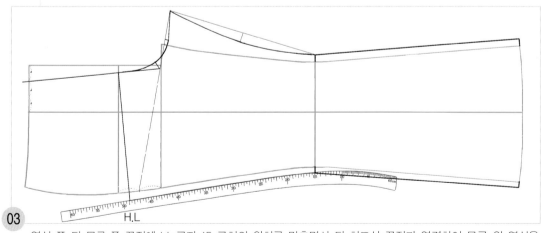

03 옆선 쪽 뒤 무릎 폭 끝점에 hip곡자 15 근처의 위치를 맞추면서 뒤 히프선 끝점과 연결하여 무릎 위 옆선을 그린 다음 무릎선 위치의 각진 부분을 앞판의 경우와 마찬가지로 곡선으로 수정한다.

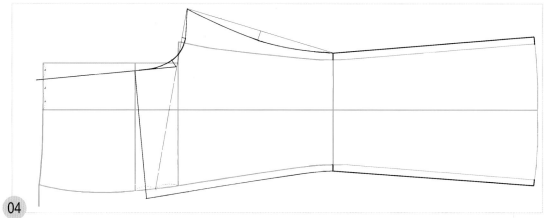

04 앞판의 옆선 쪽 허리선 끝에서 수직으로 뒤 허리 안내선을 내려 그린다.

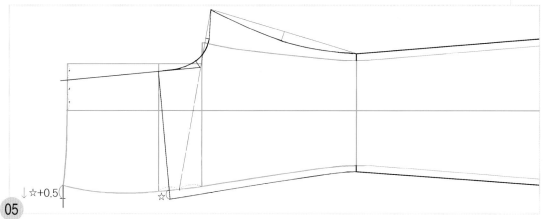

↓☆+0.5

05 뒤 히프선의 끝점과 앞판의 옆선과의 차이지는 분량(☆)을 재어 앞판의 허리선 끝에서 내려와 표시하고, 0.5cm 추가하여 뒤 허리선 끝점을 표시한다.

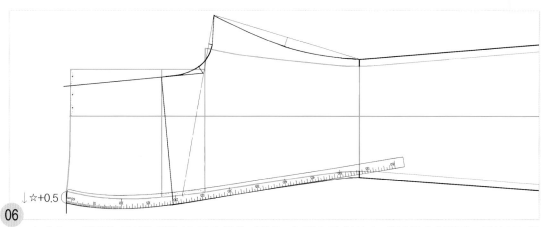

↓☆+0.5

06 ☆+0.5cm 내려와 표시한 점에 hip곡자 끝을 대었을 때 무릎 위 옆선과 자연스럽게 연결되는 곡선으로 맞추어 뒤 무릎 위 옆선을 완성한다.

7. 허리 완성선을 그리고 다트를 그린다.

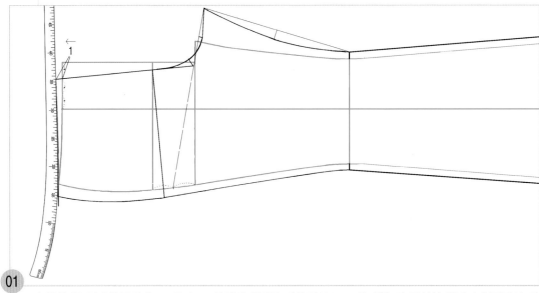

01 뒤 옆선 쪽 허리선 끝점에 hip곡자 15 근처의 위치를 맞추면서 1cm 추가한 뒤 중심선 끝점과 연결하여 뒤 허리 완성선을 그린다.

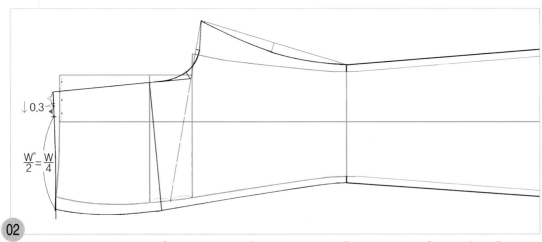

02 옆선 쪽 허리선 끝점에서 $\frac{W°}{2}=\frac{W}{4}$ 치수를 올라가 표시하고 남은 허리선의 분량을 2등분한 다음, 2등분 한 점에서 0.3cm 옆선 쪽으로 이동하여 차이지는 두 개의 다트량을 표시해 둔다.

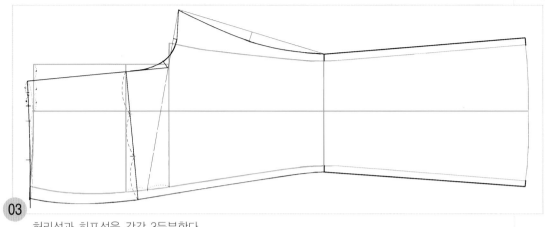

03 허리선과 히프선을 각각 3등분한다.

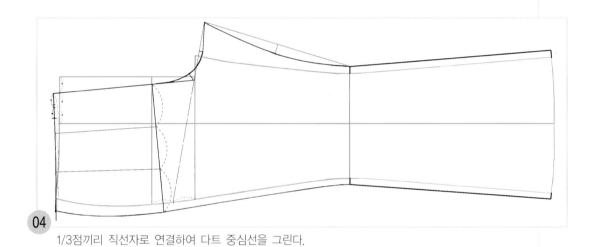

04 1/3점끼리 직선자로 연결하여 다트 중심선을 그린다.

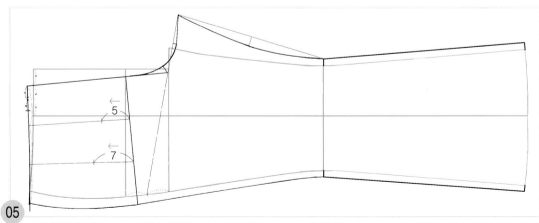

05 히프선에서 다트 중심선을 따라 뒤 중심 쪽 다트는 5cm, 옆선 쪽 다트는 7cm 허리선 쪽으로 올라가 다트
끝점을 표시한다.

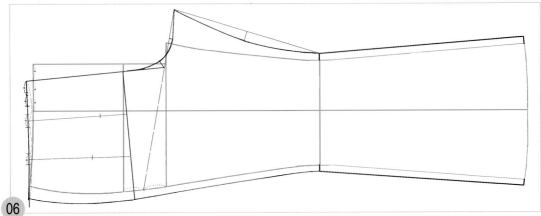

06 다트량이 많은 것(△)을 뒤 중심 쪽 다트 중심선에서 다트량의 1/2씩 위아래로 나누어 표시하고, 다트량이 적은 것(▲)을 옆선 쪽 다트 중심선에서 다트량의 1/2씩 위아래로 나누어 허리선 쪽 다트 위치를 표시한다.

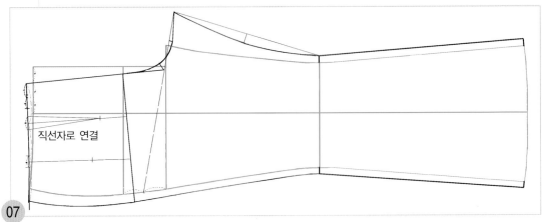

직선자로 연결

07 뒤 중심 쪽 다트는 다트 끝점과 허리선 쪽 다트 위치를 직선자로 연결하여 다트 완성선을 그린다.

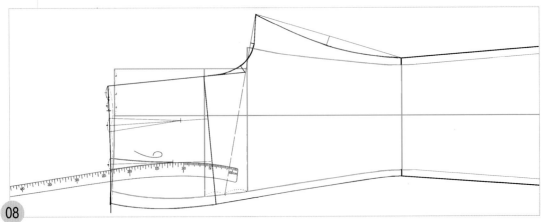

08 옆선 쪽 다트는 다트 끝점에 hip곡자 12 근처의 위치를 맞추면서 허리선 쪽 다트 위치와 연결하여 다트 완성선을 그린다.

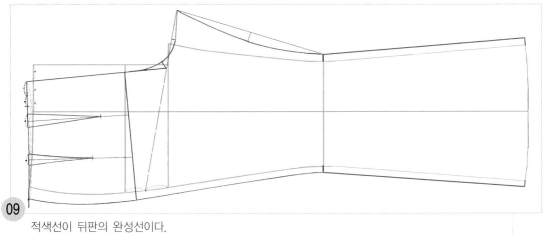

09

적색선이 뒤판의 완성선이다.

8. 앞뒤 바짓단의 안단선을 그린다.

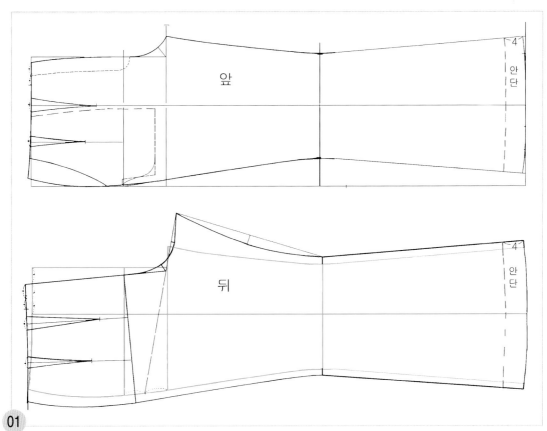

앞

안
단

뒤

안
단

01

앞뒤 바짓단의 안단선을 4cm 폭으로 하여 바짓단 선을 그린 똑같은 hip곡자로 맞추어 바짓단의 곡선으로
안단선을 그린다.

허리 벨트 그리기 ┈┈▸

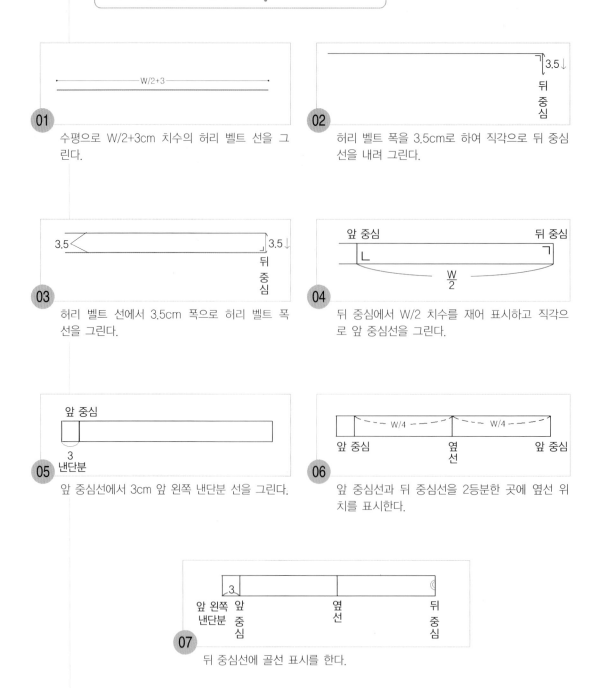

01 수평으로 W/2+3cm 치수의 허리 벨트 선을 그린다.

02 허리 벨트 폭을 3.5cm로 하여 직각으로 뒤 중심선을 내려 그린다.

03 허리 벨트 선에서 3.5cm 폭으로 허리 벨트 폭선을 그린다.

04 뒤 중심에서 W/2 치수를 재어 표시하고 직각으로 앞 중심선을 그린다.

05 앞 중심선에서 3cm 앞 왼쪽 낸단분 선을 그린다.

06 앞 중심선과 뒤 중심선을 2등분한 곳에 옆선 위치를 표시한다.

07 뒤 중심선에 골선 표시를 한다.

청바지 Jeans...

P.A.N.T.S 04

 스타일　●●● 허리선보다 내려온 위치의 골반에 맞게 걸쳐 입는 사문직의 질긴 면포의 청지를 사용해, 무릎 약간 위부터 밑단 쪽을 향해 약간 넓어지게 하면서 뒤판의 밑단을 앞판보다 1cm 길고 둥글게 하여 다리가 길어 보이는 스포티한 스타일이다.

소 재　●●● 청지는 두꺼운 것에서 얇은 것까지 다양하며, 신축성이 있는 스트레치 소재도 많이 나와 있다. 신체에 피트시킬 경우는 신축성이 있는 스트레치 소재가 가장 적합하며 활동적이고, 작업복 스타일인 만큼 일상의 동작에 지장이 없도록 두꺼운 것을 선택하더라도 스트레치성이 있는 것을 선택하는 것이 좋다.

청바지의 제도 순서

제도 치수 구하기 ·····▶

계측 치수		제도 각자 사용 시의 제도 치수	일반 자 사용 시의 제도 치수
허리 둘레(W)	68cm	$W° = 34$	$W / 4 = 17cm$
엉덩이 둘레(H)	94cm	$H° = 47$	$H / 4 = 23.5cm$
바지 길이	92cm (벨트 제외)	92cm	
밑위 깊이		$H° / 2$	$H / 4 = 23.5cm$
앞 밑둘레 폭		$H° / 16$	$H / 32 = 2.9cm$
뒤 밑둘레 폭		$H° / 8$	$H / 16 = 5.8cm$
무릎 둘레	38cm	무릎 둘레/ 4 - 1cm = 8.5cm	
바짓단 폭	21cm	바짓단 폭/2 - 0.5cm = 10cm (주 : 바짓단 폭은 원하는 폭으로 정함)	

앞판 제도하기 ·····▶

1. 기초선을 그린다.

01

옆선의 안내선

수평으로 바지 길이 만큼 옆선의 안내선을 그린다.

바
짓
단
안
내
선
⌐

02

직각으로 바짓단 안내선을 그린다.

03 바짓단 쪽 옆선 끝에서 바지 길이 치수를 재어 표시하고, 직각으로 허리 안내선을 그린다.

04 허리선 쪽 옆선 끝에서 바짓단 쪽으로 H°/2=H/4 치수를 나가 표시하고 직각으로 밑위 안내선을 그린다.

05 밑위 안내선에서 허리선 쪽으로 H°/6=H/12 치수를 나가 표시하고, 직각으로 히프선을 그린다.

06 밑위 안내선상의 옆선 위치에서 H°/2-1cm=H/4-1cm 올라가 표시하고 직각으로 허리 안내선까지 연결하여
앞 중심 안내선을 그린다.

2. 앞 밑둘레 폭을 추가해 밑위 선을 정하고 주름산 선을 그린다.

01 앞 중심 안내선과 밑위 안내선의 교점에서 H°/16=H/32 치수를 올라가 앞 밑둘레 폭 끝점을 표시한다.

02 밑위 안내선 전체를 2등분하여 그 1/2 치수를 바짓단 쪽에도 표시한다.

03

밑위 선과 바짓단 선의 1/2점 두 점을 직선 자로 연결하여 허리선까지 앞 주름산 선을 그린다.

3. 무릎 폭과 바짓단 폭을 정해 무릎 밑 옆선과 안쪽 다리선을 그린다.

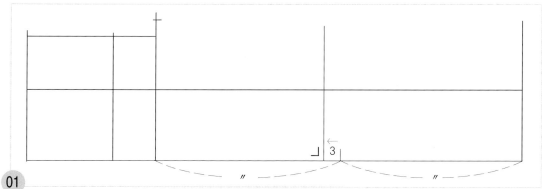

01

밑위 안내선에서 바짓단 선까지를 2등분하고, 2등분한 위치에서 3cm 밑위 선 쪽으로 나가 직각으로 무릎 선을 그린다.

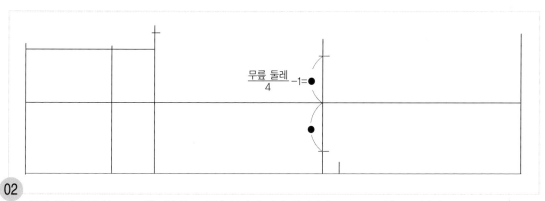

02

무릎 둘레 치수/4-1cm 한 치수를 주름산 선에서 각각 위아래에 무릎 폭 점을 표시한다.

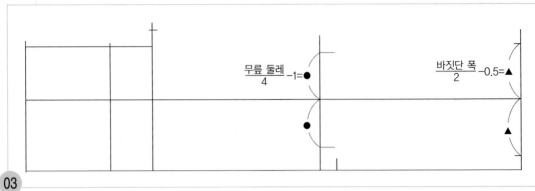

03

바짓단 폭/2-0.5cm 한 치수를 주름산 선에서 각각 위 아래에 바짓단 폭 점을 표시한다.

무릎 둘레/4 -1=● 바짓단 폭/2 -0.5=▲

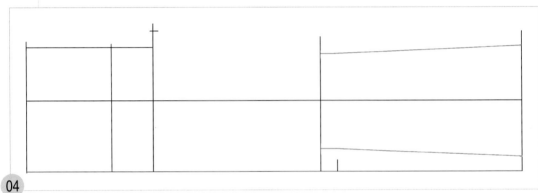

04

무릎 폭 점과 바짓단 폭 점 두 점을 직선자로 연결하여 무릎 밑 옆선과 안쪽 다리선을 그린다.

4. 무릎 위 옆선과 안쪽 다리선을 그린다.

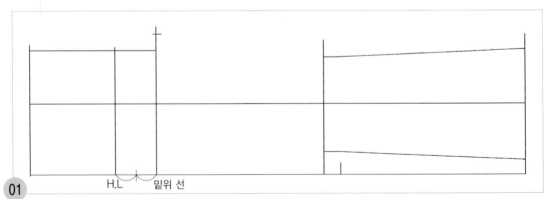

H.L   밑위 선

01

히프선과 밑위 선의 옆선 거리를 2등분한다.

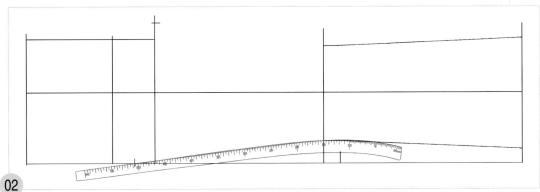

02

무릎 폭 점에 hip곡자 15 근처의 위치를 맞추면서 히프선과 밑위 선의 1/2점과 연결하여 무릎 위 옆선을 그린다.

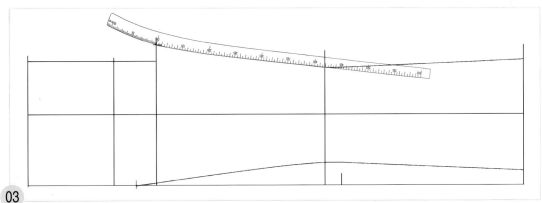

03

앞 밑둘레 폭 끝점에 hip곡자 10 근처의 위치를 맞추면서 무릎 폭 점과 연결하여 무릎 위 안쪽 다리선을 그린다.

5. 무릎 위 옆선과 안쪽 다리선을 그린다.

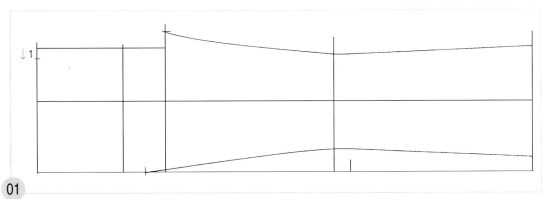

01

앞 중심선 쪽 허리선 끝에서 1cm 내려와 앞 중심 완성선을 그릴 통과점을 표시한다.

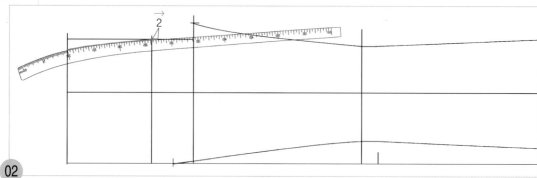

02 1cm 내려와 표시한 점에 hip곡자 10 위치를 맞추면서 히프선 끝점과 연결하여 히프선에 2cm 정도 앞 중심 완성선을 연장시켜 그린다.

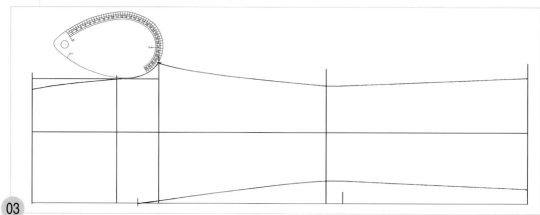

03 앞 밑둘레 폭 끝점과 앞 중심 완성선의 히프선 쪽 끝점에 AH자 앞쪽을 수평으로 바르게 맞추어 대고 앞 밑둘레 선을 그린다.

6. 밑위 옆선을 그린다.

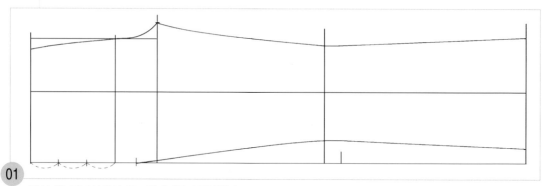

01 옆선 쪽 허리선에서 히프선까지를 3등분한다.

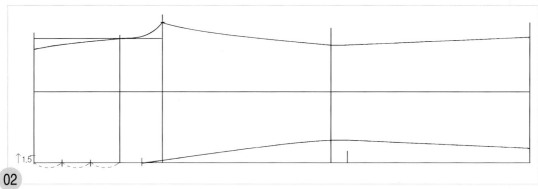

02 옆선 쪽 허리선 끝에서 1.5cm 올라가 옆선의 완성선을 그릴 통과점을 표시한다.

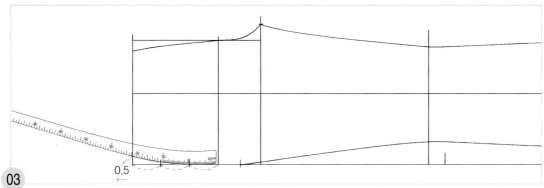

03 허리선에서 히프선의 2/3 지점에 hip곡자 5 근처의 위치를 맞추면서 1.5cm 올라가 표시한 통과점과 연결하여 밑위 옆선의 완성선을 허리선에서 0.5cm 연장시켜 그린다.

7. 허리 완성선을 그리고 다트를 그린다.

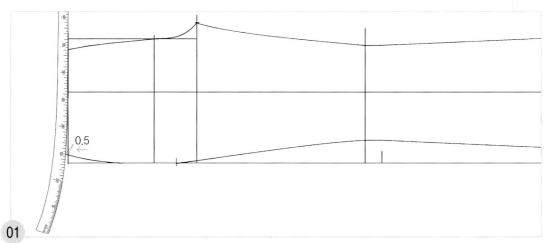

01 0.5cm 연장시켜 그린 옆선의 끝점에 hip곡자 15 위치를 맞추면서 앞 중심 완성선과 연결하여 허리 완성선을 그린다.

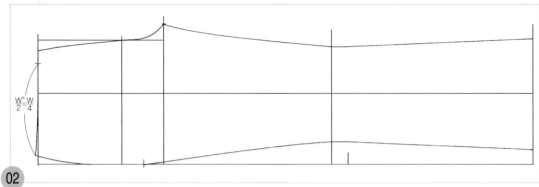

02 옆선 쪽 허리 완성선 끝에서 $W°/2=W/4$ 치수를 올라가 표시한다.

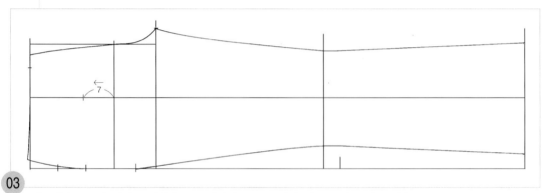

03 히프선과 주름산 선의 교점에서 7cm 허리선 쪽으로 나가 다트 끝점 표시를 한다.

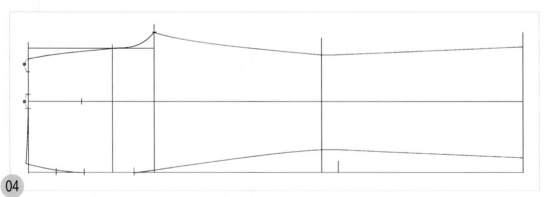

04 허리 완성선에서 $W°/2=W/4$ 치수를 제하고 남은 허리선의 분량을 주름산 선에서 1/2씩 위아래로 나누어 허리선 쪽 다트 위치를 표시한다.

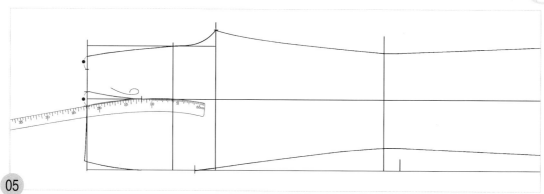

05 다트 끝점에 hip곡자 12 위치를 맞추면서 허리선 쪽 다트 위치와 연결하여 다트 완성선을 그린다.

8. 골반 위치를 정해 허리 벨트 선 위치를 이동한다.

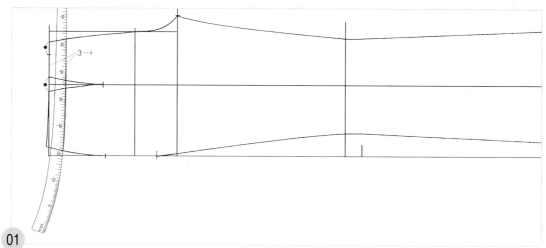

01 허리 완성선에서 2.5~3cm 히프선 쪽으로 내려가 골반 위치 표시를 하고 허리 완성선을 그릴 때 사용한 같은 hip곡자로 맞추고 골반 허리 벨트 선을 그린다.

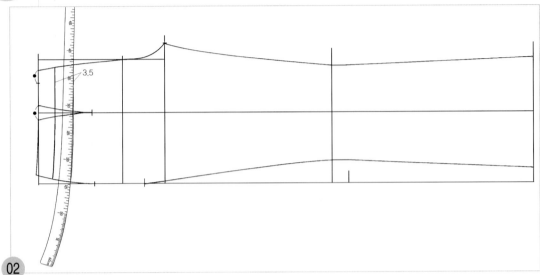

02 골반 허리 벨트 선에서 3~3.5cm 히프선 쪽으로 내려가 골반 허리 벨트 폭 표시를 하고 골반 허리 벨트 선을 그릴 때 사용한 같은 hip곡자로 맞추고 골반 허리 벨트 폭 선을 그린다.

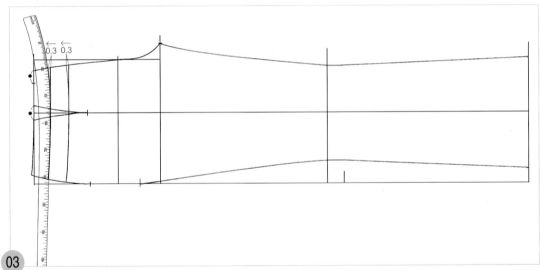

03 앞 중심선 쪽의 골반 허리 벨트 선과 골반 허리 벨트 폭 선이 각지지 않도록 0.3cm씩 허리선 쪽으로 올라가 표시하고 곡선으로 수정한다.

9. 주머니 입구 선을 그리고 밑위 쪽 옆선의 완성선을 수정한다.

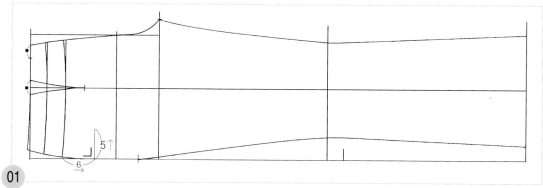

01 옆선 쪽 골반 허리 벨트 폭 선에서 6cm 히프선 쪽으로 내려가 표시하고 직각으로 옆선 쪽 주머니 입구 선을 5cm 정도 올려 그린다.

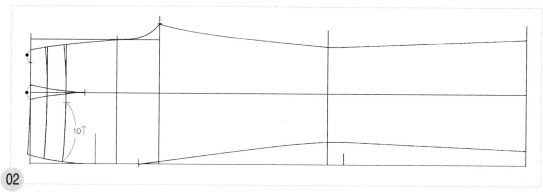

02 옆선 쪽 허리 벨트 폭 선 끝점에서 10cm 올라가 곡선 주머니 입구 위치 표시를 한다.

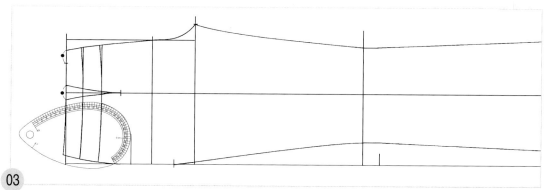

03 10cm 올라가 표시한 점과 5cm 정도 올려 그린 두 점을 AH자 앞쪽을 사용하여 곡선으로 주머니 입구 선을 그린다.

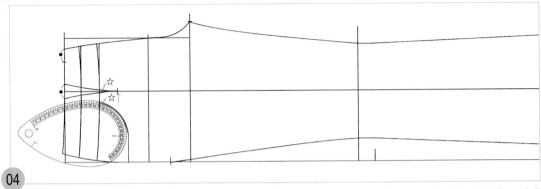

04
허리 벨트 폭 선에서 히프선 쪽에 남아 있는 다트량을 재어 03에서 그린 주름산 선 쪽의 주머니 입구 선에 서 앞 중심 쪽으로 올라가 주머니 입구 선을 수정한다.

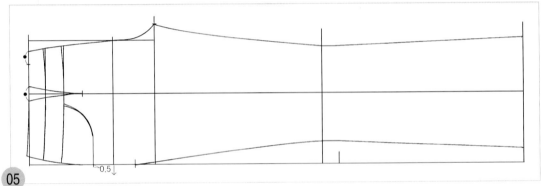

05
옆선 쪽 주머니 입구 위치에서 0.5cm 수직으로 주머니 입구의 여유분을 추가한다.

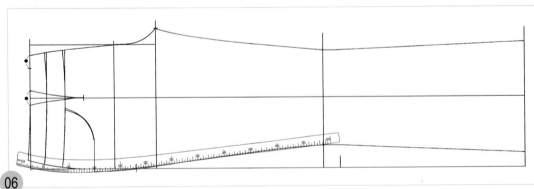

06
0.5cm 추가한 끝점에 hip곡자 15 근처의 위치를 맞추면서 밑아래 옆선의 완성선과 자연스런 곡선으로 연 결하여 밑위 쪽 옆선의 완성선을 수정한다.

10. 지퍼 끝 위치를 표시하고 스티치 선을 그린다.

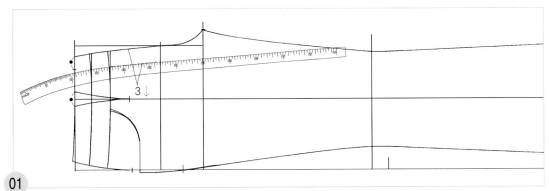

01

앞 중심선에서 3cm 폭으로 히프선 근처까지 표시한 다음, 허리 벨트 폭 선 위치에 hip곡자 15.5 근처의 위치를 맞추면서 3cm 폭으로 지퍼 스티치 선을 그린다.

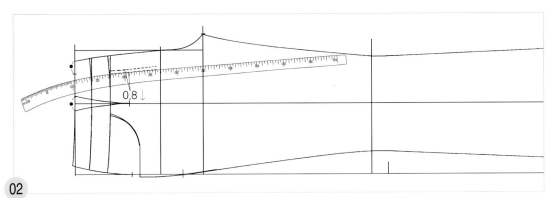

02

3cm 폭으로 그린 스티치 선에서 0.8cm 폭으로 01에서 사용한 똑같은 위치의 hip곡자로 맞추어 지퍼 스티치 선을 그린다.

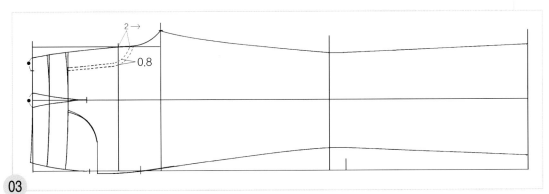

03

히프선에서 2cm 밑위 선 쪽으로 내려가 지퍼 트임 끝 위치를 표시하고, 스티치 선과 곡선으로 두 줄 스티치 선을 그린다.

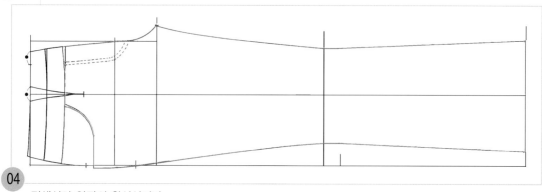

04

적색선이 앞판의 완성선이다.

11. 주머니 천 선을 그린다.

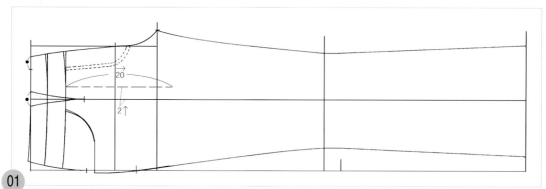

01

주름산 선에서 2cm 앞 중심 쪽으로 올라가 수평으로 20cm 주머니 깊이 선을 점선으로 그린다.

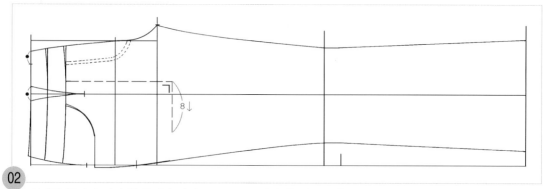

02

아래쪽 주머니 깊이 선 끝에서 직각으로 8cm 주머니 천 밑단 선을 점선으로 내려 그린다.

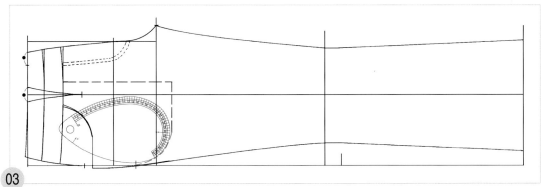

03
옆선 쪽 히프선 근처까지 주머니 밑단 선과 주머니 천 옆선 쪽의 완성선을 곡선으로 그린다.

12. 앞판의 속주머니 선을 그린다.

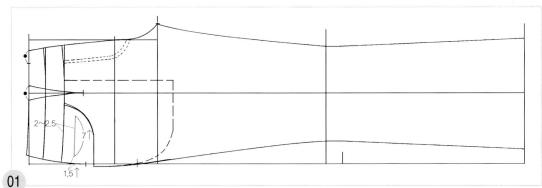

01
옆선 쪽 허리 벨트 폭 선에서 2~2.5cm 히프선 쪽으로 내려가 표시하고, 옆선에서 1.5cm 주름산 선 쪽으로 올라간 위치에서부터 7cm 속주머니 입구 선을 그린다.

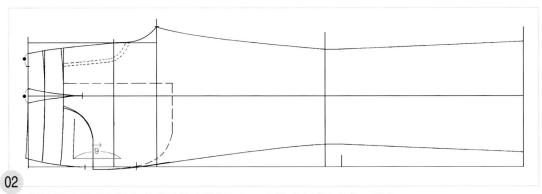

02
옆선 쪽 속주머니 입구 선 끝에서 수평으로 9cm 속주머니 깊이 선을 그린다.

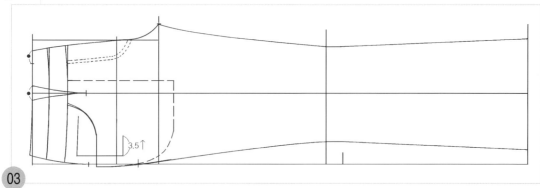

03

속주머니 깊이 선 끝점에서 3.5cm 수직으로 속주머니 밑단 선을 올려 그린다.

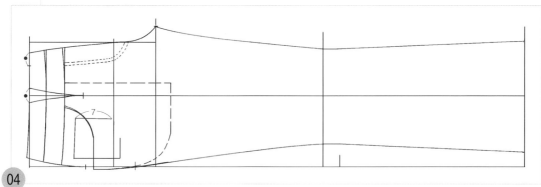

04

주름산 선 쪽 속주머니 입구 선 끝에서 7cm 수평으로 속주머니 폭 선을 그린다.

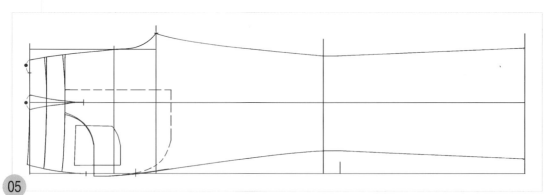

05

속주머니 폭 선 끝과 밑단 선 끝 두 점을 곡선으로 연결하여 속주머니 선을 그린다.

뒤판 제도하기

1. 앞판을 옮겨 그린다.

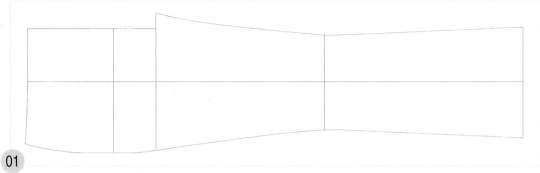

01 앞판의 기초선과 옆선 쪽 주머니 여유분 선을 뺀 외곽 완성선을 새 패턴지에 옮겨 그린다.

2. 뒤 무릎 밑 옆선과 안쪽 다리선을 그리고 바짓단 선을 수정한다.

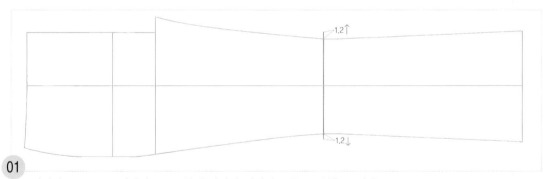

01 앞판의 무릎 폭 끝점에서 1.2cm씩 추가하여 뒤판의 무릎 폭 선을 그린다.

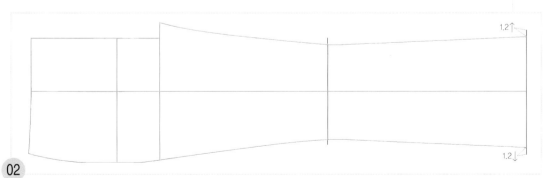

02 앞판의 바짓단 폭 끝점에서 1.2cm씩 추가하여 뒤판의 바짓단 폭 선을 그린다.

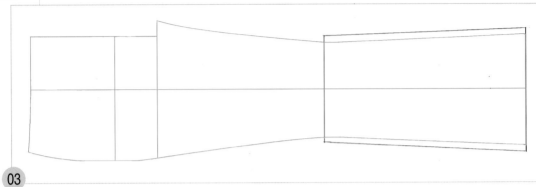

03
1.2cm씩 추가한 두 점을 직선자로 연결하여 무릎 밑 옆선과 안쪽 다리선을 그린다.

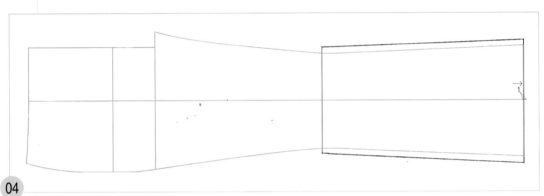

04
앞판의 바짓단 선 쪽 주름산 선 끝에서 1cm 추가하여 그린다.

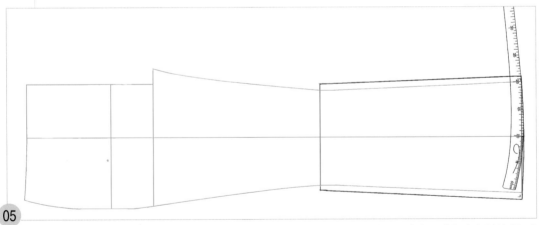

05
앞판의 바짓단 선 쪽 주름산 선 끝에서 1cm 추가하여 그린 끝점에 hip곡자 10 위치를 맞추면서 옆선 쪽 바짓단 폭 끝점과 연결하여 뒤 바짓단 선을 수정한 다음, 그대로 hip곡자를 안쪽 다리선 쪽으로 수직 반전하여 안쪽 다리선 쪽 바짓단 선을 완성한다.

3. 뒤 밑둘레 폭을 추가하고 무릎 위 안쪽 다리선을 그린다.

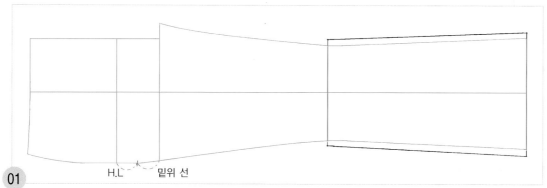

01 앞판의 히프선과 밑위 선의 옆선 거리를 2등분한다.

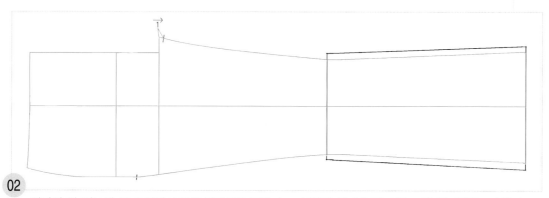

02 앞판의 앞 밑둘레 폭 끝점에서 안쪽 다리선을 따라 1cm 내려가 뒤 밑둘레 선을 그릴 통과점을 표시한다.

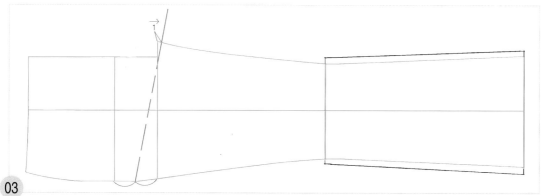

03 앞판의 히프선과 밑위 선의 1/2 지점과 앞 밑둘레 폭 끝점에서 1cm 내려가 표시한 두 점을 직선자로 연결하여 위쪽으로 길게 뒤 밑위 선을 그린다.

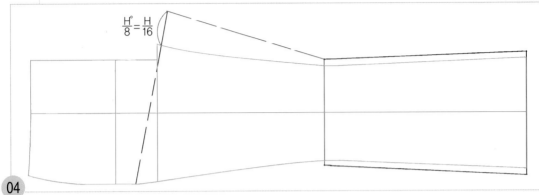

04 앞 밑둘레 폭 끝점에서 1cm 내려가 표시한 곳에서 뒤 밑위 선을 따라 H°/8=H/16 치수를 올라가 뒤 밑둘레 폭 끝점을 표시하고 뒤 무릎선과 직선자로 연결하여 무릎 위 안쪽 다리 안내선을 그린다.

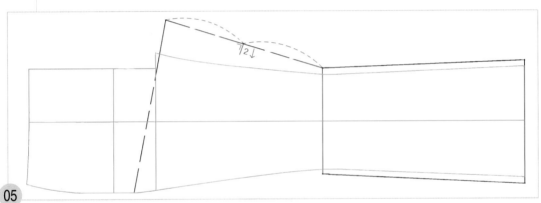

05 무릎 위 안쪽 다리 안내선을 2등분하여 직각으로 2cm 내려 그린다.

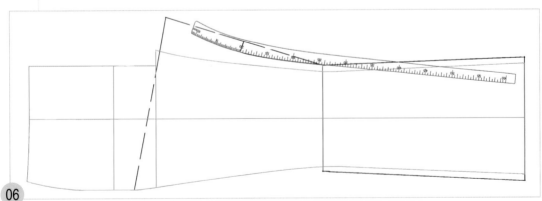

06 2cm 내려 그린 끝점에 hip곡자 10 근처의 위치를 맞추면서 무릎 밑선과 자연스럽게 연결하여 뒤 안쪽 다리선을 그린다.

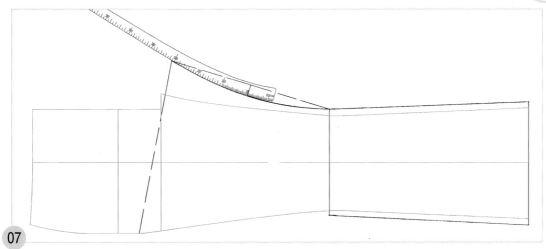

07

2cm 내려 그린 끝점에 hip곡자 5 근처의 위치를 맞추면서 뒤 밑둘레 폭 끝점과 연결하여 남은 무릎 위 안쪽 다리선을 그린다.

4. 뒤 중심선을 그린다.

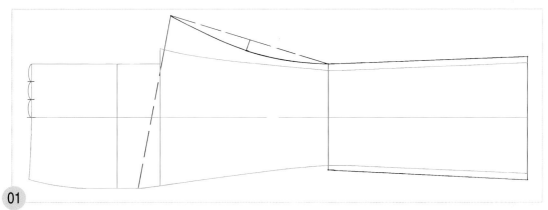

01

앞판의 앞 중심 안내선에서 주름산 선까지의 허리선을 3등분한다.

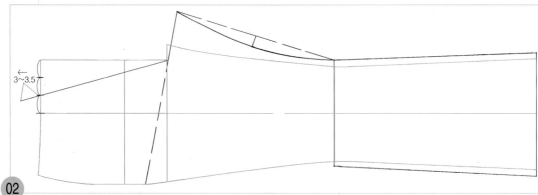

앞판의 앞 중심선과 주름산 선까지의 2/3 지점과 앞 중심 안내선과 뒤 밑위선의 교점을 직선자로 연결하여
뒤 중심 안내선으로 하고, 허리선 쪽에서 운동량으로서 3~3.5cm를 추가하여 뒤 중심선을 그린다.

5. 뒤 밑둘레 선을 그린다.

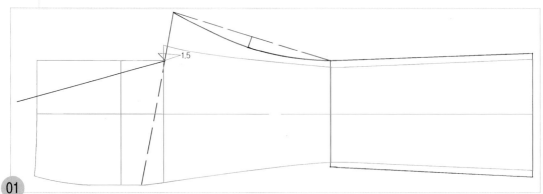

뒤 중심선과 뒤 밑위 선의 교점에서 뒤 중심선과 뒤 밑위 선 사이의 중간을 통과하는 1.5cm의 뒤 밑둘레
선을 그릴 통과선을 그린다.

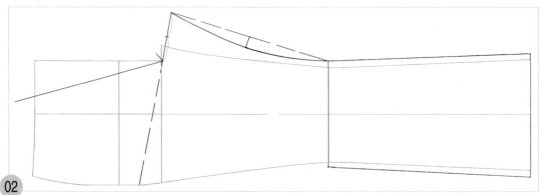

뒤 밑둘레 폭 끝점에서 뒤 밑위 선을 따라 뒤 중심선 위치까지를 2등분한다(뒤 밑둘레 폭 끝점에서 2등분한
위치까지의 밑위 선은 그대로 뒤 밑둘레 선으로 사용한다).

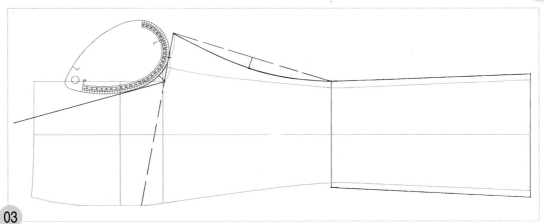

03

2등분한 점과 뒤 중심선에 AH자 뒤쪽을 사용하여 연결하였을 때 1.5cm의 통과점을 지나면서 연결되는 곡선으로 맞추고 뒤 밑둘레 선을 그린다.

6. 뒤 히프선을 그리고 무릎 위 옆선을 그린다.

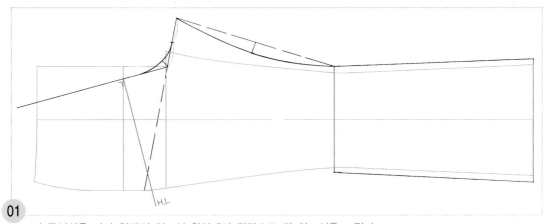

H.L

01

뒤 중심선을 따라 앞판의 히프선 위치에서 직각으로 뒤 히프선을 그린다.

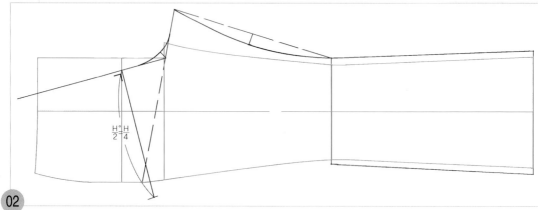

02 뒤 중심 쪽에서 뒤 히프선을 따라 $H^°/2=H/4$ 치수를 재어 뒤 히프선 끝점을 표시한다.

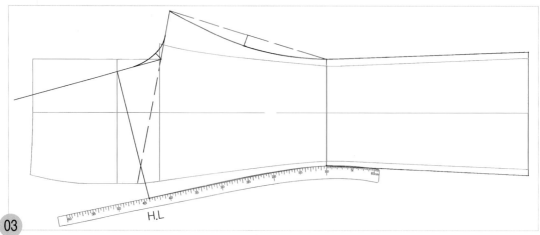

03 옆선 쪽 무릎 폭 끝점에 hip곡자 10 근처의 위치를 맞추면서 뒤 히프선 끝점과 연결하여 무릎 위 옆선을 그린다.

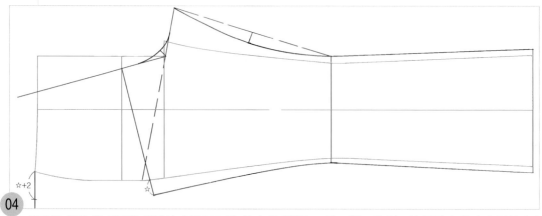

04 앞판의 옆선 쪽 허리선 끝에서 수직으로 뒤 허리 안내선을 그린 다음, 뒤 히프선 끝점과 앞판의 옆선과의 차이지는 분량(☆)을 재어 앞판의 허리선 끝에서 ☆+2cm를 추가하여 뒤 옆선 위치를 표시한다.

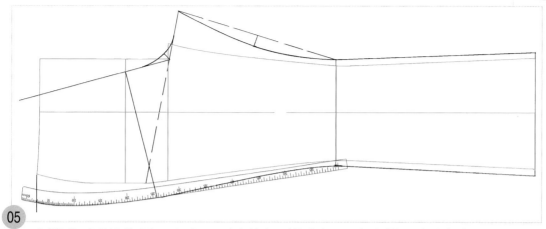

05

허리선 쪽 뒤 옆선 위치에 hip곡자 2 근처의 위치를 맞추면서 무릎 위 옆선을 그린 선과 자연스럽게 이어지도록 연결하여 무릎 위 옆선을 완성한다.

7. 허리 완성선을 그리고 다트를 그린다.

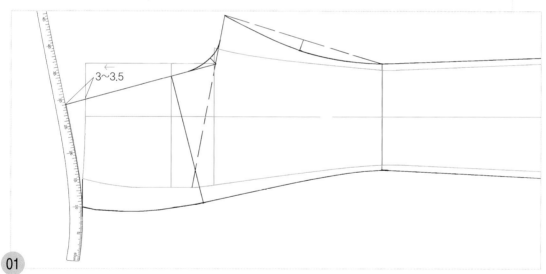

3~3.5

01

뒤 옆선 쪽 허리선 끝점에 hip곡자 10 근처의 위치를 맞추면서 3~3.5cm 추가해 그린 뒤 중심선 끝과 연결하여 허리 완성선을 그린다.

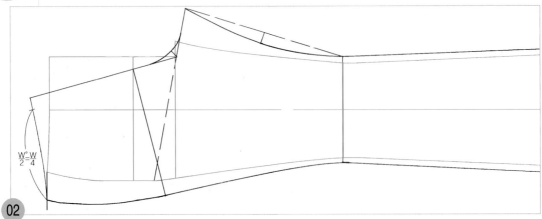

02 옆선 쪽 허리 완성선 끝에서 허리 완성선을 따라 $W°/2=W/4$ 치수를 올라가 표시한다.

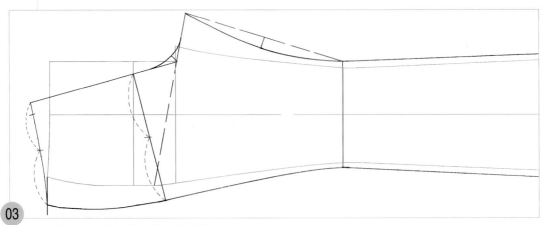

03 허리 완성선과 히프선을 각각 2등분한다.

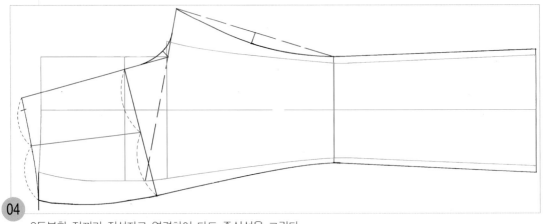

04 2등분한 점끼리 직선자로 연결하여 다트 중심선을 그린다.

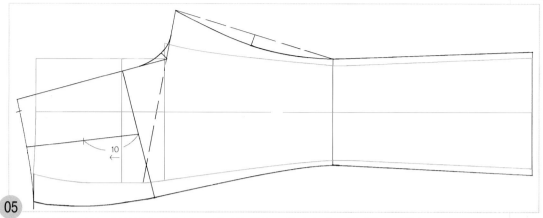

05 히프선에서 다트 중심선을 따라 10cm 허리선 쪽으로 올라가 다트 끝점을 표시한다.

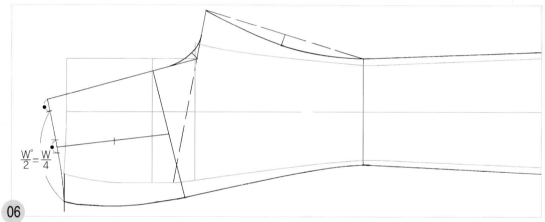

06 허리 완성선에서 W°/2=W/4 치수를 제하고 남은 허리선의 분량을 허리선 쪽 다트 중심선에서 1/2씩 위아래로 나누어 허리선 쪽 다트 위치를 표시한다.

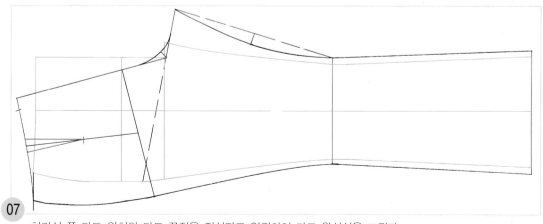

07 허리선 쪽 다트 위치와 다트 끝점을 직선자로 연결하여 다트 완성선을 그린다.

8. 골반 위치를 정해 허리 벨트 선 위치를 이동하고 옆선을 수정한다.

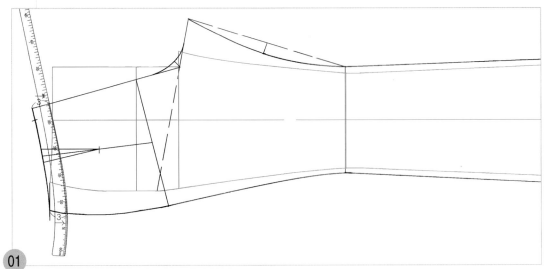

01 허리 완성선에서 2.5~3cm 히프선 쪽으로 내려가 골반 위치를 표시하고, 표시한 옆선 쪽에 hip곡자 8 근처의 위치를 맞추면서 뒤 중심 쪽에 표시한 점과 연결하여 뒤 허리 벨트 선을 그린다.

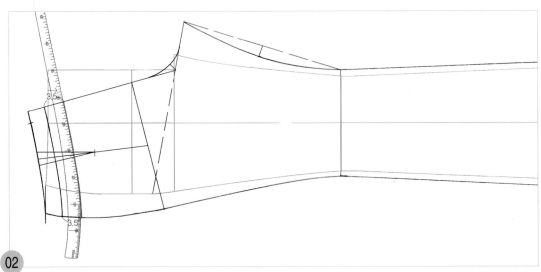

02 허리 벨트 선에서 3~3.5cm 히프선 쪽으로 내려가 허리 벨트 폭 위치를 표시하고, 표시한 옆선 쪽에 hip곡자 7.5 근처의 위치를 맞추면서 뒤 중심 쪽에 표시한 점과 연결하여 뒤 허리 벨트 폭 선을 그린다(즉, 01과 02는 허리선을 그릴 때 사용한 위치의 hip곡자를 확인하여 그대로 수평 이동한 것과 동일하다).

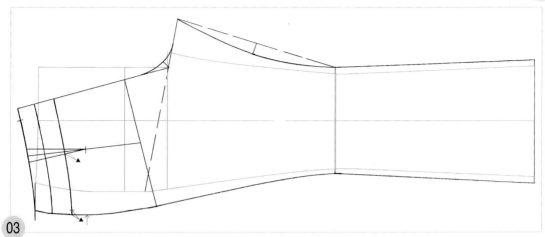

03 허리 벨트 폭 선에서 히프선 쪽을 향해 남아 있는 다트량(▲)을 옆선 쪽 허리 벨트 폭 끝점에서 허리 벨트 폭 선을 따라 올라가 표시한다.

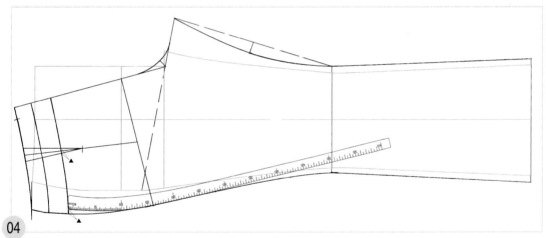

04 옆선 쪽 허리 벨트 폭 선에서 ▲ 치수 올라가 표시한 위치에 hip곡자 끝을 맞추면서 무릎 위 옆선과 자연스럽게 연결하여 옆선의 완성선을 수정한다.

9. 뒤 요크선을 그린다.

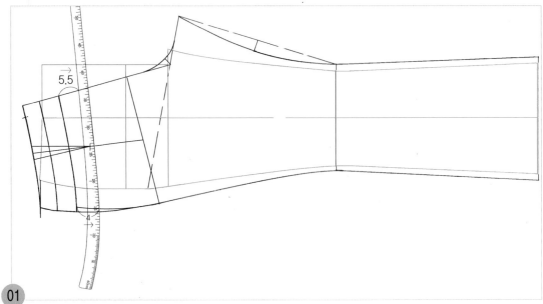

01

뒤 중심 쪽은 허리 벨트 폭 선 끝에서 5.5cm 옆선 쪽은 4cm 히프선 쪽으로 내려가 뒤 요크 폭 선을 표시하고, 수정한 선의 옆선 위치에 hip곡자 15 위치를 맞추면서 뒤 중심 쪽에 표시한 위치와 연결하여 뒤 요크선을 그린다.

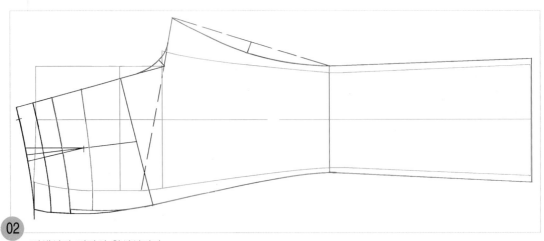

02

적색선이 뒤판의 완성선이다.

10. 뒤 주머니를 그린다.

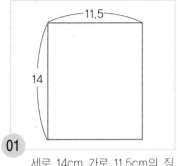

01 세로 14cm 가로 11.5cm의 직사각형을 그린다.

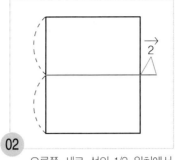

02 오른쪽 세로 선의 1/2 위치에서 수평으로 2cm 추가하여 그린다.

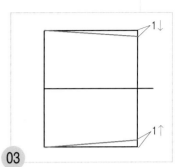

03 오른쪽 세로 선의 위아래 끝점에서 각각 1cm씩 중심 쪽으로 들어가 표시하고 왼쪽 세로 선의 끝점과 직선자로 연결하여 주머니 폭 선을 그린다.

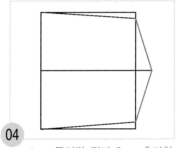

04 1cm 들어간 점과 2cm 추가한 끝점을 직선자로 연결하여 주머니 아래쪽 완성선을 그린다.

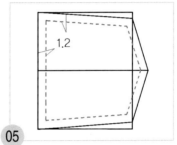

05 주머니 완성선에서 안쪽으로 1.2cm 폭의 스티치 선을 그린다.

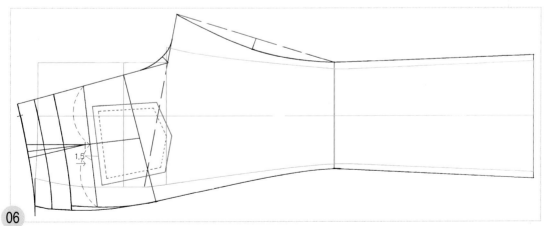

06 제도한 뒤 주머니 패턴의 완성선을 오려내어 뒤 중심선과 옆선과의 1/2 위치에 주머니 입구의 1/2 위치를 맞추고 뒤 요크선에서 1.5cm 밑위 선 쪽으로 내려간 위치에 주머니 입구 선을 맞추어 뒤 주머니 완성선을 그리거나, 오려낸 주머니 패턴을 밸런스를 보아가며 배치하고 뒤 주머니 완성선을 그린다.

허리 벨트 그리기 ⋯⬩⬧⬩

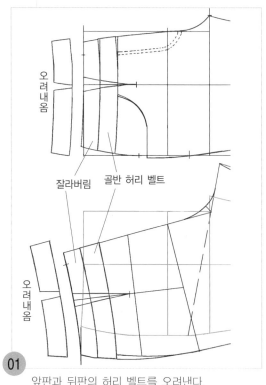

01 앞판과 뒤판의 허리 벨트를 오려낸다.

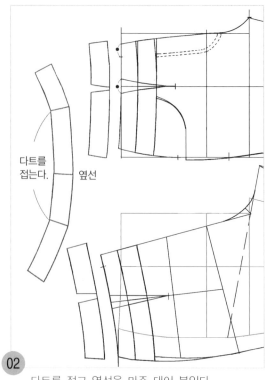

02 다트를 접고 옆선을 마주 대어 붙인다.

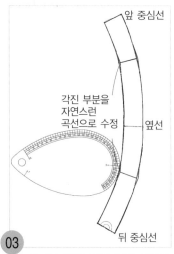

03 다트를 접은 곳의 각진 부분을 자연스런 곡선으로 수정하고, 뒤 중심선에 골선 표시를 넣는다.

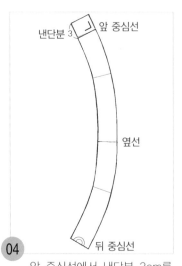

04 앞 중심선에서 낸단분 3cm를 추가하여 그린다.

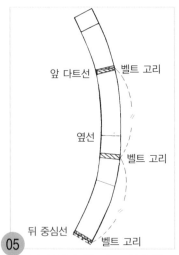

05 뒤 중심과 앞 다트 선에 벨트 고리 위치를 정하고, 뒤 중심과 앞 다트선까지를 2등분한 위치에 옆선 쪽 벨트 고리 위치를 표시한다.

반바지 Jamaica Pants...

P.A.N.T.S 04

스타일 ◦ ◦ ● 대퇴부 중간 정도 길이
의 팬츠로 여름철 리조트용으
로 착용되는 일이 많다.
밑단 쪽에 카브라를 만들면 깜
찍하면서도 고급스런 느낌을
준다.
자메이카 팬츠는 카리브 해안
의 자메이카 섬을 찾는 휴양객들이 즐겨 입는 데서 붙여진 호칭이다.

소 재 ◦ ◦ ● 두꺼운 것은 피하고 얇고 탄력 있는 울이나 화섬 등의 스트라이프 또는
체크 무늬가 좋으나 연령에 따라서는 무지를 선택하는 것이 좋다.

반바지의 제도 순서

제도 치수 구하기

계측 치수		제도 각자 사용 시의 제도 치수	일반 자 사용 시의 제도 치수
허리 둘레(W)	68cm	W° = 34	W / 4 = 17cm
엉덩이 둘레(H)	94cm	H° = 47	H / 4 = 23.5cm
바지 길이	492cm (벨트 제외)	40cm	
밑위 깊이		H° / 2+1.5cm	H / 4+1.5cm = 25cm
앞 밑둘레 폭		H° / 8 − 2cm	H / 16 − 2cm = 3.8cm
뒤 밑둘레 폭		H° / 8	H / 16 = 5.8cm

앞판 제도하기

1. 기초선을 그린다.

옆선의 안내선

01

수평으로 길게 옆선의 안내선을 그린다.

허
리
안
내
선

02

직각으로 허리 안내선을 그린다.

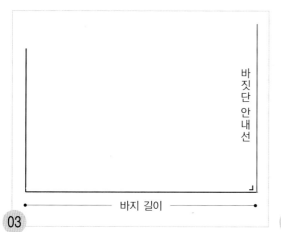

03

허리선에서 바지 길이 만큼 내려가 직각으로 바
짓단의 안내선을 그린다.

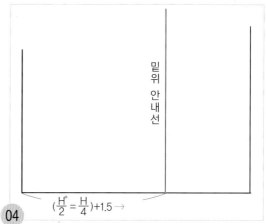

04

허리선에서 바짓단 쪽으로 H°/2+1.5cm=H/4+1.5cm
치수를 내려가 표시하고, 직각으로 밑위 안내선을 그
린다.

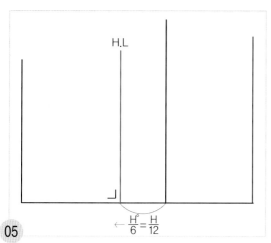

05

밑위 선 위치에서 허리선 쪽으로 H°/6=H/12 치수
를 올라가 표시하고, 직각으로 히프선을 그린다.

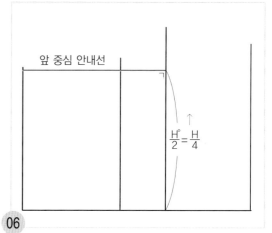

06

밑위 선의 옆선 위치에서 H°/2=H/4 치수를 나가
표시하고, 직각으로 허리 안내선까지 연결하여 앞
중심 안내선을 그린다.

2. 앞 밑둘레 폭을 추가해 밑위 선을 정하고 주름산 선을 그린다.

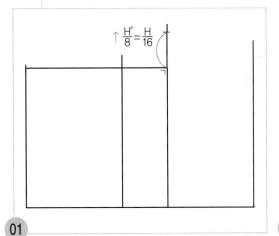

01 밑위 안내선과 앞 중심 안내선의 교점에서 H°/8=H/16 치수를 올라가 밑위 선 끝점을 표시한다.

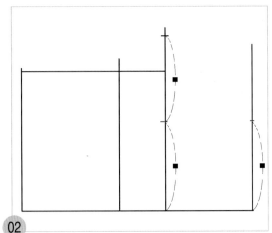

02 밑위 선을 2등분하고, 그 1/2 치수를 재어 바짓단 선 쪽에도 표시한다.

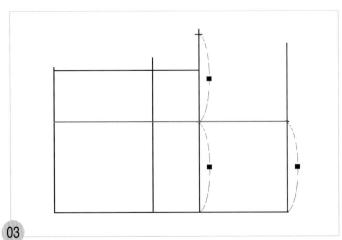

03 밑위 선과 바짓단 선의 1/2점 두 점을 직선자로 연결하여 허리선까지 앞 주름산 선을 그린다.

3. 앞 중심선과 옆선을 그린다.

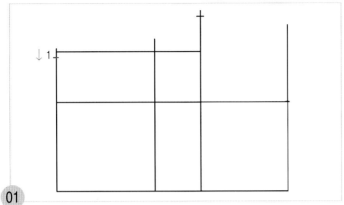

앞 중심 안내선 쪽 허리선 끝에서 1cm 허리선을 따라 내려와 앞
중심선 끝점을 표시한다.

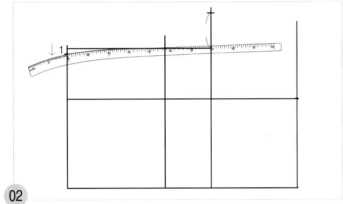

1cm 내려와 표시한 점에 hip곡자의 10 위치를 맞추면서 앞 중심
안내선상의 히프선 위치와 연결하여 앞 중심선을 그린다.

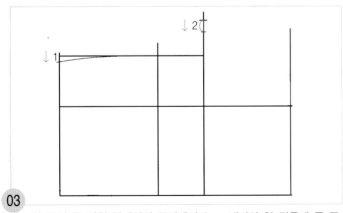

앞 중심 쪽 밑위 안내선의 끝점에서 2cm 내려와 앞 밑둘레 폭 끝
점을 표시한다.

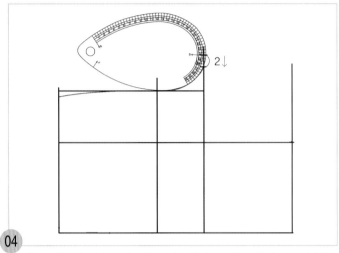

04 2cm 내려와 표시한 앞 밑둘레 폭 점 끝과 앞 중심의 히프선 위치에 앞 AH자 쪽을 수평으로 바르게 맞추어 대고 앞 밑둘레 선을 그린다.

4. 앞 밑둘레 폭을 정하고 앞 밑둘레 선과 밑아래 선을 그린다.

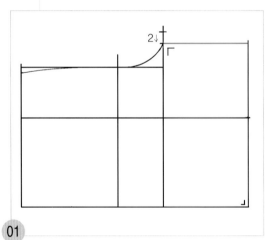

01 2cm 내려온 앞 밑둘레 폭 끝점에서 직각으로 밑아래 안쪽 다리 안내선을 그린다.

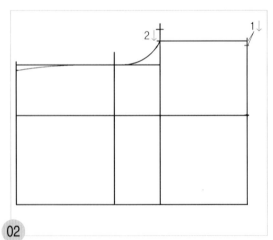

02 바짓단 쪽 안쪽 다리 안내선 끝에서 1cm 내려와 바짓단 폭 점을 표시한다.

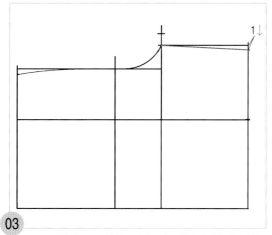

03 1cm 내려와 표시한 점과 앞 밑둘레 폭 끝점 두 점을 직선자로 연결하여 안쪽 다리선을 그린다.

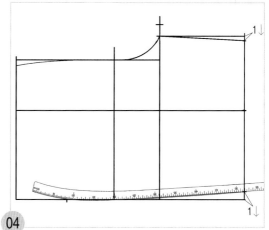

04 옆선 쪽 바짓단 안내선 끝에서 1cm 올라가 바짓 단 폭을 표시하고, 옆선 쪽 히프선 위치에 hip곡 자 20 위치를 맞추면서 바짓단 폭 점과 연결하여 히프선 아래쪽 옆선을 그린다.

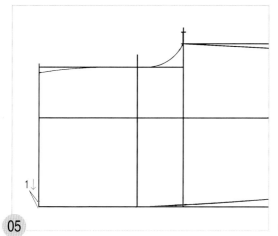

05 옆선 쪽 허리선 끝에서 1cm 올라가 표시한다.

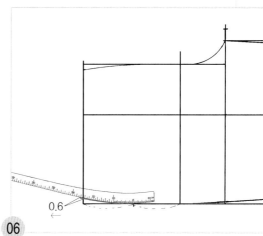

06 허리선에서 히프선까지를 2등분하고, 2등분한 점 에 hip곡자 5 근처의 위치를 맞추면서 1cm 올라 가 표시한 점과 연결하여 히프선 위쪽 옆선의 완 성선을 허리선에서 0.6cm 연장시켜 그린다.

5. 카브라 선을 그린다.

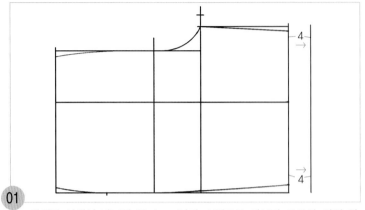

01 바짓단 선에서 카브라 폭 4cm 나가 수직으로 카브라 주름산 선의 안내선을 그린다.

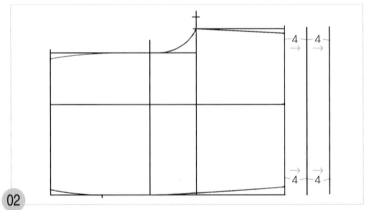

02 카브라 폭 4cm를 더 추가하여 카브라 바짓단의 안내선을 그린다.

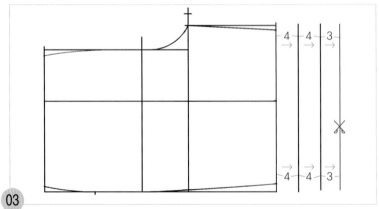

03 카브라 완성선의 안내선에서 3cm를 나가 카브라 안단의 안내선을 그린다음, 3cm 나가 그린 안내선을 따라 자른다.

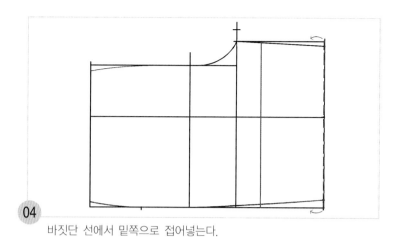

04 바짓단 선에서 밑쪽으로 접어넣는다.

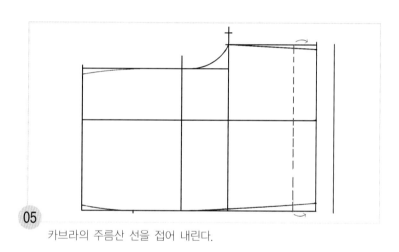

05 카브라의 주름산 선을 접어 내린다.

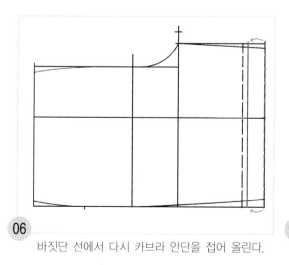

06 바짓단 선에서 다시 카브라 안단을 접어 올린다.

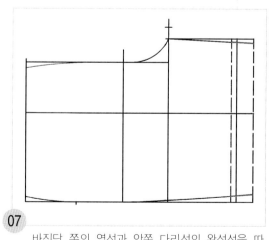

07 바짓단 쪽의 옆선과 안쪽 다리선의 완성선을 따라 룰렛으로 눌러 표시한다.

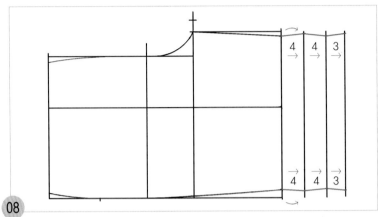

바짓단 선에서 펼쳐서 각진 곳끼리 연결한다.

6. 허리선을 그리고 다트를 그린다.

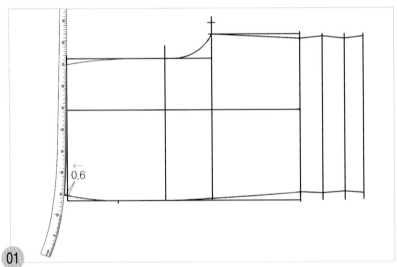

0.6

옆선의 0.6cm 올라간 곳에 hip곡자 10의 위치를 맞추면서 앞 중심선 끝과 연결하여 허리 완성선을 그린다.

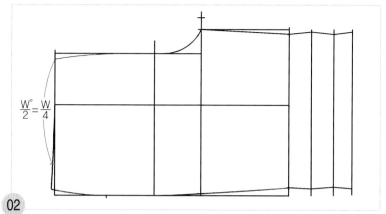

02 앞 중심 쪽 허리선 끝에서 허리 완성선을 따라 $W°/2=W/4$ 치수를 내려 와 표시한다.

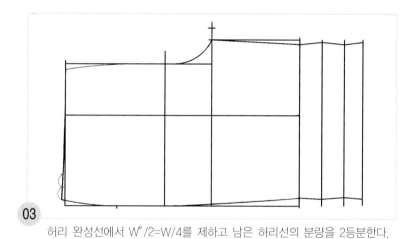

03 허리 완성선에서 $W°/2=W/4$를 제하고 남은 허리선의 분량을 2등분한다.

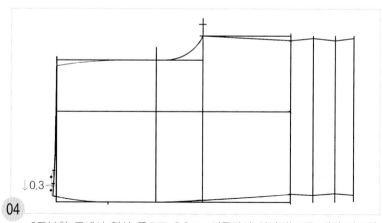

04 2등분한 곳에서 옆선 쪽으로 0.3cm 이동하여 차이지는 두 개의 다트량 을 표시해 둔다.

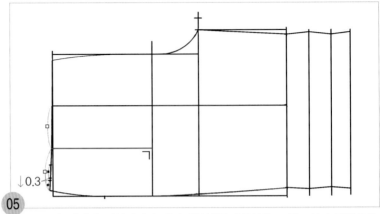

05 주름산 선에서 옆선까지의 허리 완성선을 2등분하고 히프선과 직각으로
연결하여 다트 중심선을 그린다.

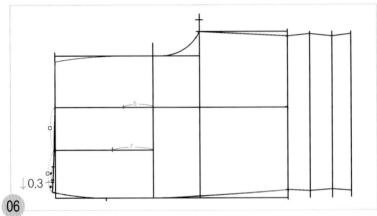

06 히프선에서 옆선 쪽 다트는 7cm, 앞 중심 쪽 다트는 주름산 선을 다트
중심선으로 하여 히프선에서 5cm 허리선 쪽으로 올라가 다트 끝점을 표
시한다.

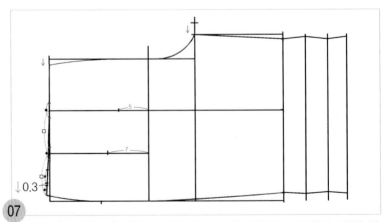

07 다트량이 많은 것(■)을 앞 중심 쪽 다트 중심선에서 다트량의 1/2씩 위
아래로 나누어 표시하고, 다트량이 적은 것(●)을 옆선 쪽 다트 중심선에
서 다트량의 1/2씩 위아래로 나누어 표시한다.

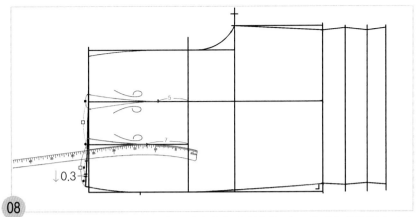

08 다트 끝점에 hip곡자 12 위치를 맞추면서 허리선 쪽 다트 위치와 연결하여 다트
완성선을 그린다.

7. 지퍼 끝 위치를 표시하고 스티치 선을 그린다.

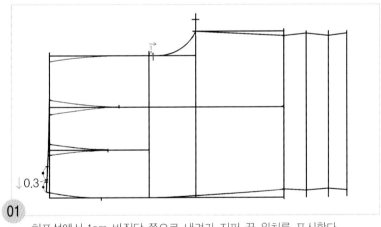

01 히프선에서 1cm 바짓단 쪽으로 내려가 지퍼 끝 위치를 표시한다.

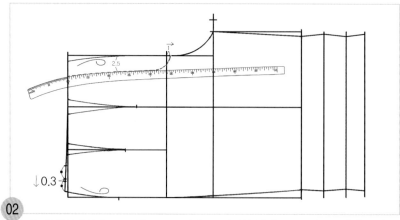

02

앞 중심선에서 2.5cm 폭으로 표시하고, 허리선 쪽에 hip곡자 10 위치를 맞추면서 히프선 쪽에서 2cm 전까지 2.5cm 폭으로 표시한 점과 연결하여 지퍼 스티치 선을 그리고 지퍼 달림 끝쪽은 둥글게 그려 준다.

8. 주머니 입구 선을 그린다.

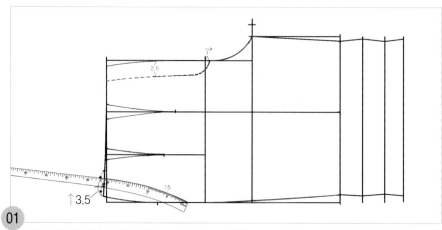

01

옆선 쪽 허리선 끝에서 3.5cm 올라가 표시하고, 그 곳에 hip곡자의 15 위치를 맞추면서 hip곡자의 끝이 옆선과 마주 닿도록 맞추고 주머니 입구 선을 그린다.

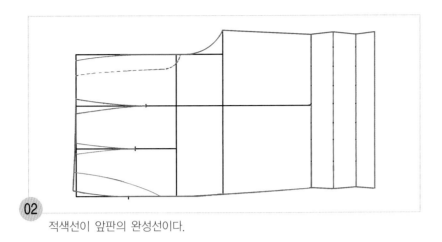

02

적색선이 앞판의 완성선이다.

뒤판 제도하기

1. 앞판을 옮겨 그린다.

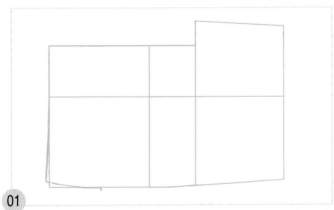

01

앞판의 기초선과 카브라 선을 뺀 외곽 완성선을 새 패턴지에
옮겨 그린다.

2. 뒤 밑둘레 폭을 추가하고 밑아래 안쪽 다리선을 그린다.

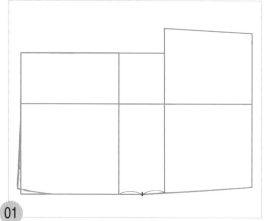

01 앞판의 옆선 쪽 히프선과 밑위 선의 옆선 거리를 2등분한다.

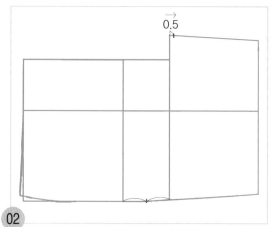

02 앞 밑둘레 폭 끝점에서 0.5cm 바짓단 쪽으로 내려가 표시한다.

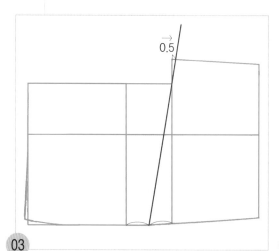

03 2등분한 점과 0.5cm 내려가 표시한 두 점을 직선자로 연결하여 위쪽으로 길게 뒤 밑위 안내선을 그린다.

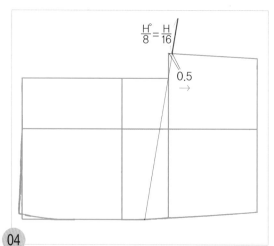

04 0.5cm 내려가 표시한 점에서 뒤 밑위 안내선을 따라 $H°/8=H/16$ 올라가 뒤 밑둘레 폭 끝점을 표시한다.

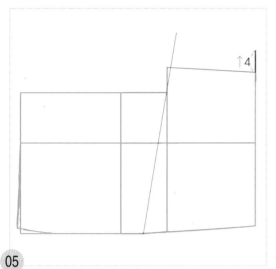

05

앞판의 바짓단 선 끝에서 직선으로 4cm 뒤 안쪽
다리선 쪽 바짓단 폭을 추가하여 그린다.

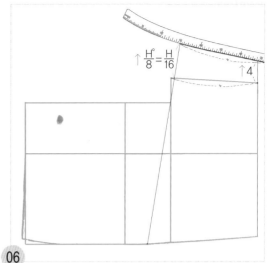

06

뒤 밑둘레 폭 끝점에 hip곡자 15 위치를 맞추면
서 4cm 올라간 뒤 바짓단 폭과 연결하여 앞판의
안쪽 다리선 길이와 같은 치수(*) 만큼 뒤 안쪽
다리선을 그린다.

3. 뒤 중심선을 그린다.

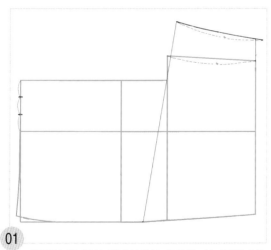

01

앞판의 앞 중심 안내선에서 주름산 선까지를 3등
분한다.

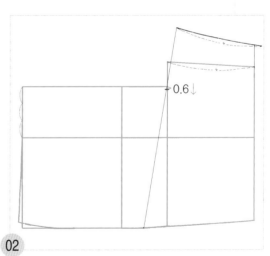

02

앞판의 앞 중심 안내선과 뒤 밑위 안내선의 교점
에서 0.6cm 내려와 뒤 밑둘레 폭 점을 표시한다.

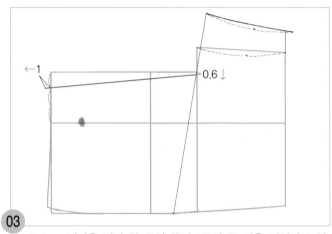

○03 0.6cm 내려온 점과 앞 중심 쪽의 1/3점 두 점을 직선자로 연결하여 뒤 중심 안내선으로 하고 허리선에서 운동량으로서 1cm를 추가하여 그린다.

4. 뒤 옆선을 그린다.

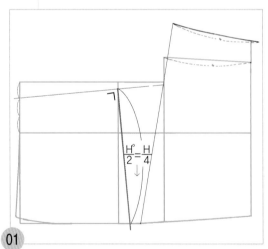

○01 허리선 쪽에서 뒤 중심 안내선을 따라 앞판의 히프선 위치에서 직각으로 $H°/2=H/4$ 치수의 뒤 히프 안내선을 그린다.

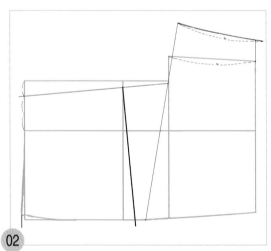

○02 앞판의 옆선 쪽 허리선 끝에서 수직으로 뒤 허리 안내선을 내려 그린다.

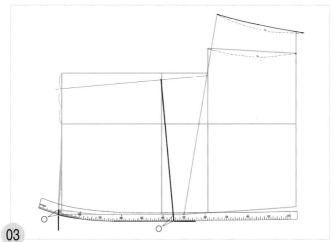

03 앞판의 옆선과 뒤 히프선 끝점과의 차이지는 분량(○)을 재어, 앞판의 옆선 쪽 허리선 끝에서 내려와 표시하고, 그 곳에 hip곡자 5 위치를 맞추면서 뒤 히프선 끝점과 연결하여 히프선 위쪽 옆선의 완성선을 그린다.

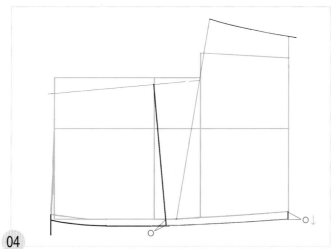

04 앞판의 옆선과 뒤 히프선 끝점과의 차이지는 분량(○)을 재어 앞판의 옆선 쪽 바짓단 선 끝에서 내려와 표시하고 뒤 히프선 끝점과 직선자로 연결하여 뒤 히프선 아래쪽 옆선을 그린다.

5. 뒤 밑둘레 선을 그린다.

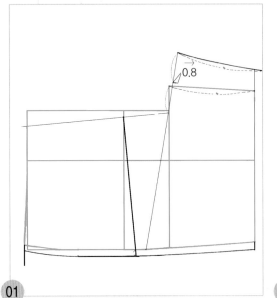

01 뒤 밑둘레 폭을 2등분한 다음 2등분한 곳에서 0.8cm 바짓단 쪽으로 내려 그린다.

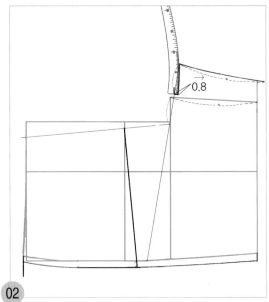

02 0.8cm 내려간 끝점에 hip곡자 끝 위치를 맞추면서 뒤 밑둘레 폭 끝점과 연결하여 뒤 밑둘레 선을 그린다.

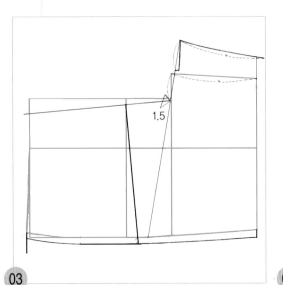

03 안쪽 밑둘레 폭 점에서 뒤 중심과 뒤 밑위 선 사이의 중간을 통과하는 1.5cm의 선을 그린다.

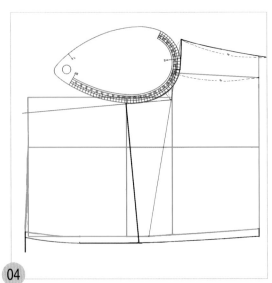

04 0.8cm 내려간 끝점과 1.5cm의 통과점을 통과하면서 뒤 중심 안내선과 자연스럽게 이어지도록 뒤 AH자 쪽을 맞추어 대고 남은 뒤 밑둘레 선을 그린다.

6. 허리선을 그리고 다트를 그린다.

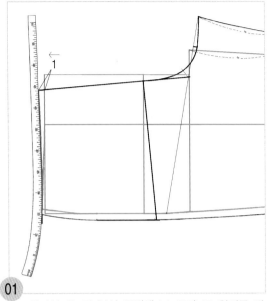

01

허리선 쪽 뒤 옆선 끝점에 hip곡자 15 위치를 맞추면서 허리선에서 1cm 추가하여 그린 뒤 중심선과 연결하여 허리 완성선을 그린다.

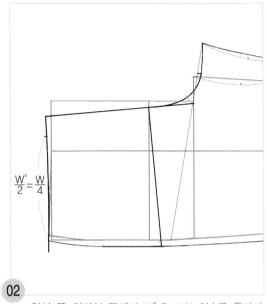

02

옆선 쪽 허리선 끝에서 $W°/2=W/4$ 치수를 올라가 표시한다.

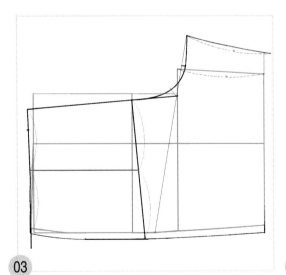

03

허리 완성선과 히프선을 각각 2등분하고, 2등분한 두 점을 직선자로 연결하여 다트 중심선을 그린다.

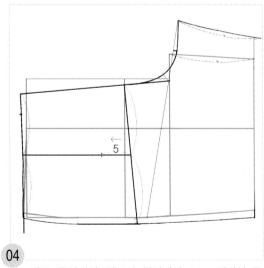

04

다트 중심선의 히프선 위치에서 5cm 허리선 쪽으로 올라가 다트 끝점을 표시한다.

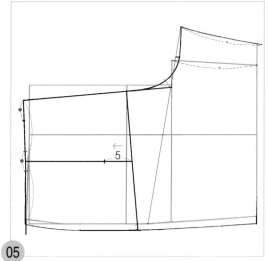

05 옆선 쪽 허리선 끝에서 W°/2=W/4 치수를 제하
고 남은 허리선의 치수를 다트 중심선에서 1/2씩
위아래로 나누어 표시한다.

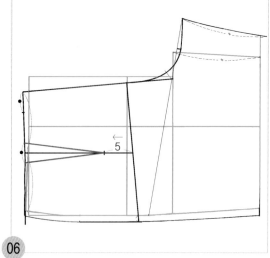

06 다트 끝점과 허리선 쪽 다트 위치를 직선자로 연
결하여 다트 완성선을 그린다.

7. 카브라 선을 그린다.

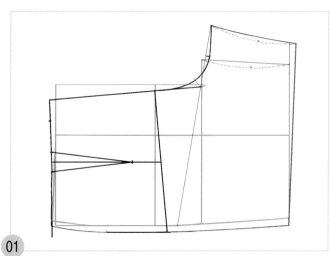

01 안쪽 다리선과 옆선 쪽 바짓단 폭 끝점 두 점을 직선자로 연결
하여 바짓단 선을 그린다.

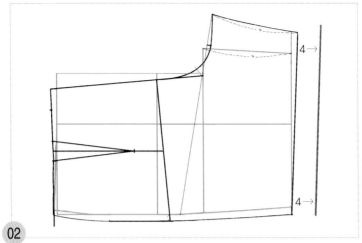

02 바짓단 선에서 평행으로 카브라 폭 4cm를 나가 카브라 주름산 선을
그린다.

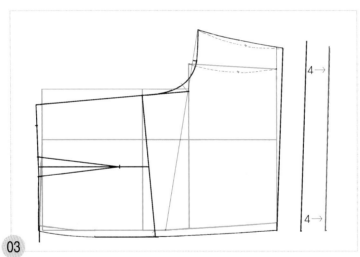

03 카브라 주름산 선에서 평행으로 카브라 폭 4cm를 나가 카브라 바짓
단 선을 그린다.

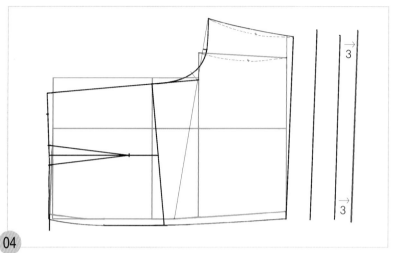

04 카브라 바짓단 선에서 3cm를 나가 카브라 안단선을 그린다.

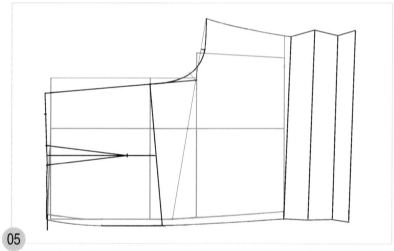

05 앞판과 같은 방법으로 접어서 카브라의 양옆 위치를 표시한 다음 카브라 완성선을 그린다(p.153~p.154 참조).

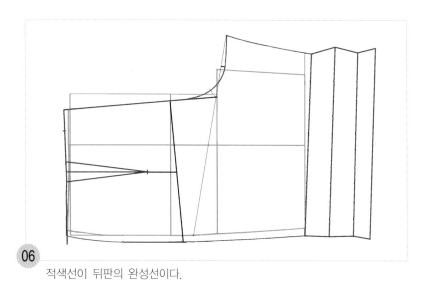

06

적색선이 뒤판의 완성선이다.

허리 벨트 그리기 ···❖·

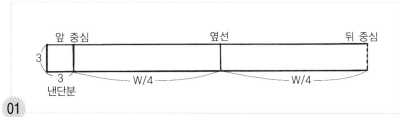

01

W/2+3cm 길이를 3cm 폭으로 하여 직사각형으로 그린 다음 뒤 중심선에서 W/4 치수를 재어 옆선 위치를 표시하고, 그 곳에서 W/4 치수를 재어 앞 중심 위치를 표시한다. 남은 3cm는 앞 왼쪽 낸단분이다.

반바지 ● Jamaica Pants ▌165

큐 롯 Culotte...

■■■ P.A.N.T.S 06

스타일 ●●● 스커트처럼 보이나 바지처럼 가랑이 밑이 갈라지고 활동적이며 실루엣도 스커트와 같은 스타일이다. 큐롯이란 프랑스 어인 반바지로, 큐롯 스커트라고 하는 명칭은 프랑스 어와 영어가 합쳐진 말로 영어로는 디바이디드 스커트(divided skirt)라고 한다.

부인용 승마 스커트로 고안된 스포츠용의 스커트였지만 최근에는 소재의 선택에 따라서 캐주얼에서 포멀 웨어로까지 광범위하게 착용할 수 있다.

소 재 ●●● 촘촘하게 짜여진 탄력성 있는 천이 적합하다.

큐롯의 제도 순서

제도 치수 구하기 ⟶

계측 치수		제도 각자 사용 시의 제도 치수	일반 자 사용 시의 제도 치수
허리 둘레(W)	68cm	W° = 34	W / 4 = 17cm
엉덩이 둘레(H)	94cm	H° = 47	H / 4 = 23.5cm
큐롯 길이	53cm (벨트 제외)	53cm	
앞·뒤 밑위 깊이	94cm	H° / 2 + 3cm	H / 4 + 3cm

뒤판 제도하기 ⟶

1. 기초선을 그린다.

옆선의 안내선

01 수평으로 큐롯 길이 만큼 옆선의 안내선을 그린다.

밑
단
선

02 직각으로 밑단 선을 그린다.

03 밑단 쪽 옆선 끝에서 큐롯 길이를 재어 표시하고 직각으로 허리 안내선을 그린다.

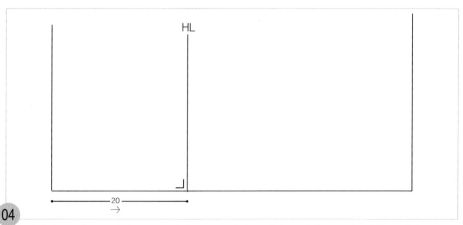

04 허리선 쪽 옆선 끝에서 20cm 밑단 쪽으로 나가 표시하고 직각으로 히프선을 그린다.

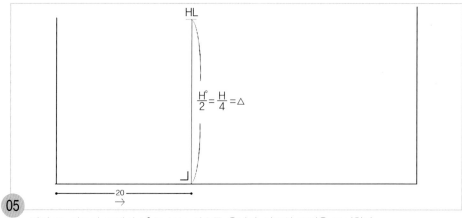

05 옆선 쪽 히프선 끝에서 $\frac{H°}{2}=\frac{H}{4}$ 치수를 올라가 히프선 끝점을 표시한다.

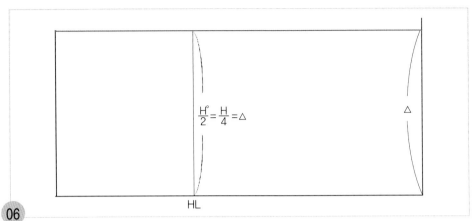

06 히프선과 같은 치수를 재어 밑단 쪽에도 표시하고 히프선 끝점과 직선자로 연결하여 허리 안내선까지 뒤 중심 안내선을 그린다.

2. 뒤 밑둘레 폭을 추가하여 안쪽 다리선과 뒤 밑둘레 선을 그린다.

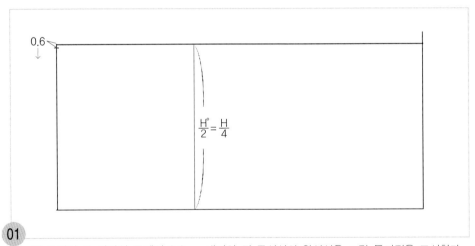

01 뒤 중심선 쪽 허리선 끝에서 0.6cm 내려와 뒤 중심선의 완성선을 그릴 통과점을 표시한다.

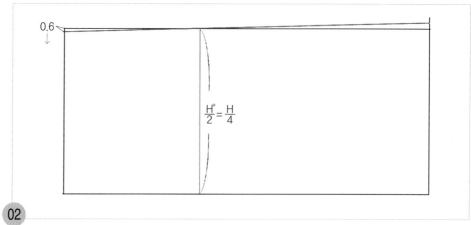

$$\frac{H^\circ}{2} = \frac{H}{4}$$

02 0.6cm 내려와 표시한 점과 히프선 끝점을 직선자로 연결하여 밑단 선까지 뒤 중심선을 그린다.

03 밑단 쪽 뒤 중심선 끝에서 직각으로 길게 밑단 선을 올려 그린다.

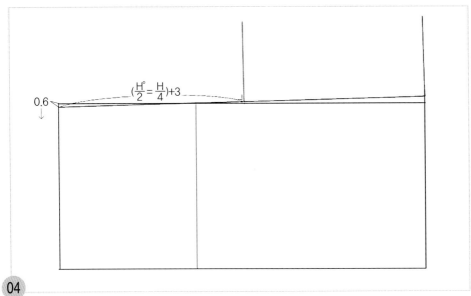

04

허리선 쪽 뒤 중심선 끝에서 뒤 중심선을 따라 H°/2+3cm=H/4+3cm를 밑단 쪽으로 나가
밑위 선 위치를 표시하고 직각으로 뒤 밑둘레 폭 선을 그린다.

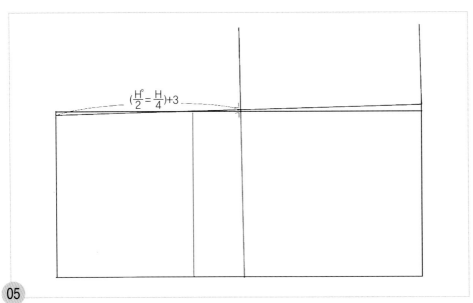

05

밑위 선 위치를 표시한 점에서 직각으로 옆선까지 뒤 밑위 선을 그린다.

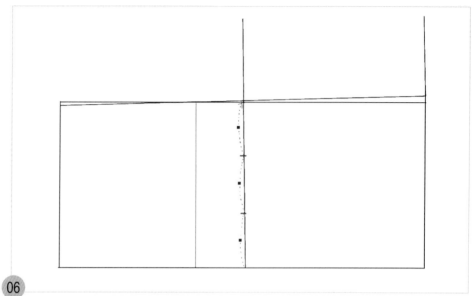

06

밑위 선을 3등분한다.

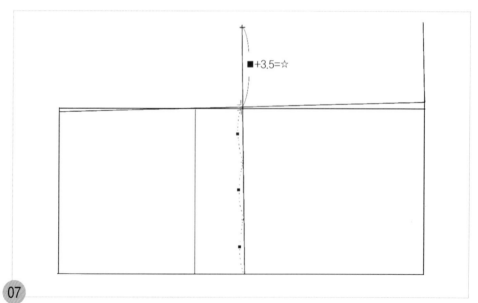

■+3.5=☆

07

밑위 선 1/3 치수(■)를 재어 뒤 밑둘레 폭 선을 따라 올라가 표시하고, 그 곳에서 3.5cm 올
라가 뒤 밑둘레 폭 끝점을 표시한다.

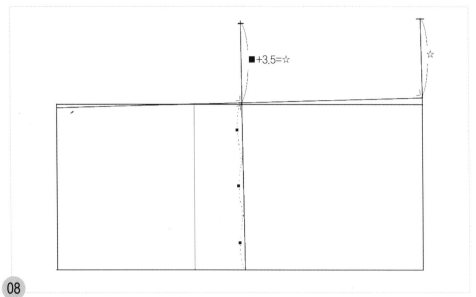

08 뒤 밑둘레 폭 치수(★)를 재어 같은 치수를 밑단 선 쪽에도 표시한다.

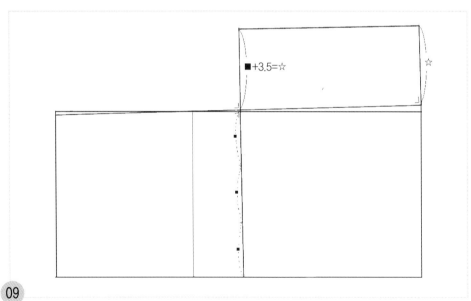

09 뒤 밑둘레 폭 끝점과 뒤 밑둘레 폭 치수를 재어 표시한 밑단 선 쪽 표시를 직선자로 연결하여 안쪽 다리선을 그린다.

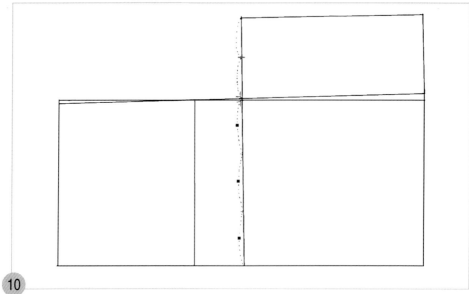

10 뒤 밑둘레 폭을 2등분한다.

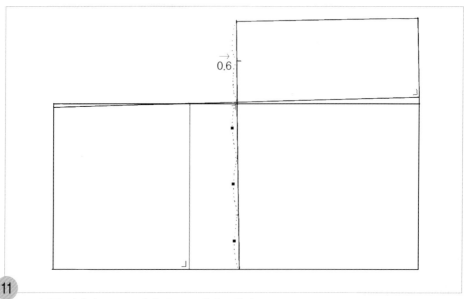

0.6

11 2등분한 점에서 0.6cm 밑단 쪽으로 내려 그린다.

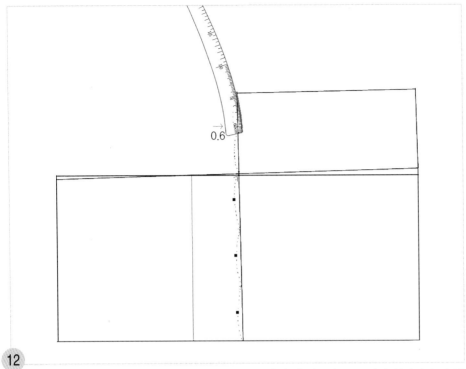

12 0.6cm 내려 그린 끝점에 hip곡자 끝 위치를 맞추면서 뒤 밑둘레 폭 끝점과 연결하여 뒤 밑둘레 선을 그린다.

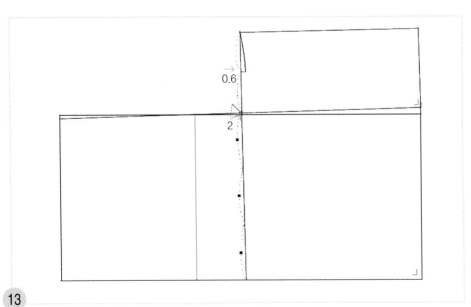

13 뒤 중심선과 뒤 밑둘레 폭선의 교점에서 약 45° 각도로 뒤 밑둘레 선을 그릴 2cm의 통과선을 그린다.

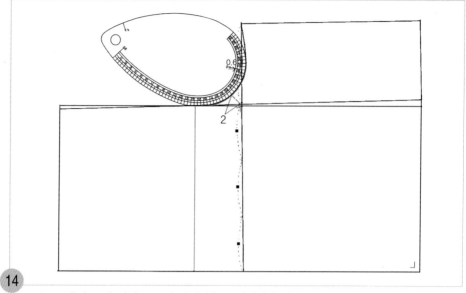

14 0.6cm 내려 그린 점과 2cm의 통과선을 통과하면서 뒤 중심선과 연결되도록 AH자 뒤쪽으로 맞추어 뒤 밑둘레 선을 완성한다.

3. 히프선 위쪽 옆선의 완성선을 그린다.

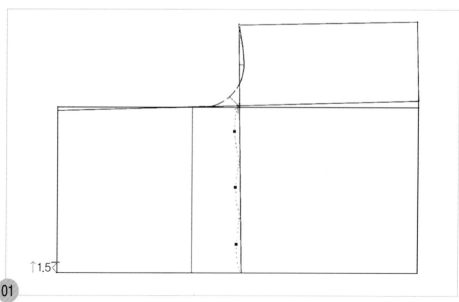

01 옆선 쪽 허리선 끝에서 1.5cm 올라가 옆선의 완성선을 그릴 통과점을 표시한다.

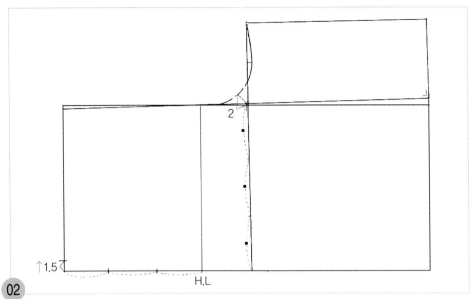

02 허리선에서 히프선까지의 옆선을 3등분한다.

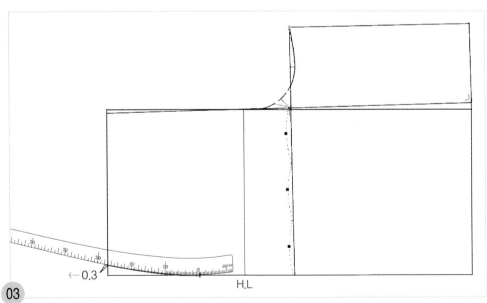

03 허리선에서 히프선의 2/3 지점에 hip곡자 5 위치를 맞추면서 1.5cm 올라가 표시한 점과 연결
하여 히프선 위쪽 옆선의 완성선을 허리선에서 0.3cm 추가하여 그린다.

4. 허리선을 그리고 다트를 그린다.

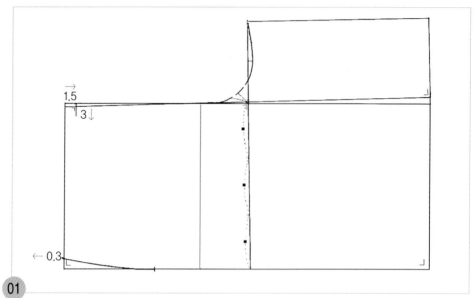

01 허리선 쪽 뒤 중심 안내선 끝에서 1.5cm 내려가 직각으로 3cm 허리선을 내려 그린다.

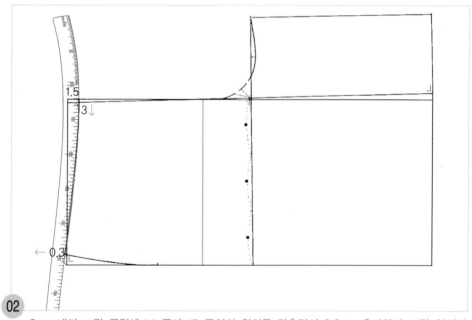

02 3cm 내려 그린 끝점에 hip곡자 15 근처의 위치를 맞추면서 0.3cm 추가하여 그린 옆선의 끝점과 연결하여 뒤 허리 완성선을 그린다.

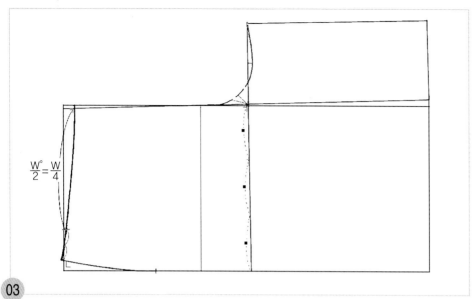

03

0.6cm 내려와 그린 뒤 중심 쪽 허리 완성선 끝에서 $\frac{W°}{2}=W/4$ 치수를 내려와 표시하고 남은 허리선의 분량을 2등분한다.

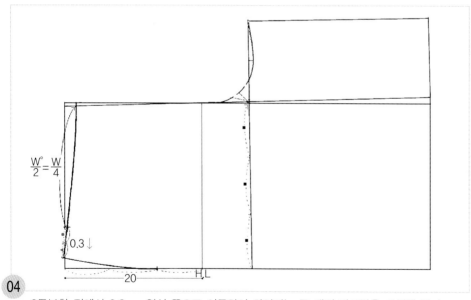

04

2등분한 점에서 0.3cm 옆선 쪽으로 이동하여 차이지는 두 개의 다트량을 표시해 둔다.

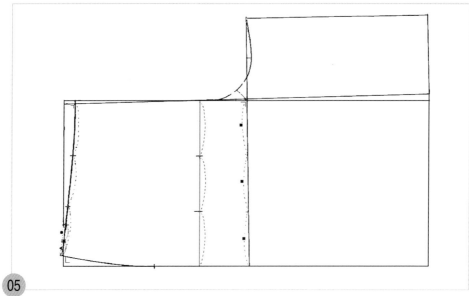

05

허리선과 히프선을 각각 3등분한다.

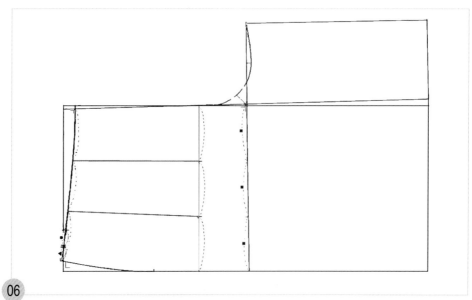

06

허리선과 히프선의 1/3점끼리 직선자로 각각 연결하여 다트 중심선을 그린다.

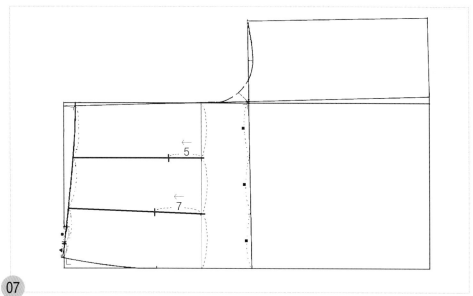

히프선에서 다트 중심선을 따라 뒤 중심 쪽 다트는 5cm, 옆선 쪽 다트는 7cm 허리선 쪽으로 올라가 다트 끝점 표시를 한다.

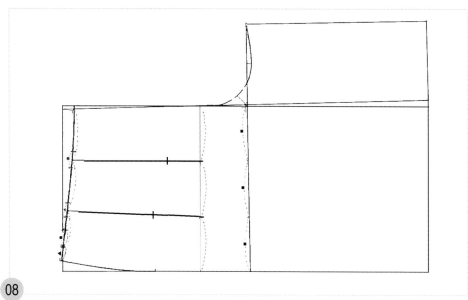

다트량이 많은 것(●)을 뒤 중심 쪽 다트 중심선에서 다트량의 1/2씩 위아래로 나누어 표시하고, 다트량이 적은 것(▲)을 옆선 쪽 다트 중심선에서 위아래로 나누어 허리선 쪽 다트 위치를 표시한다.

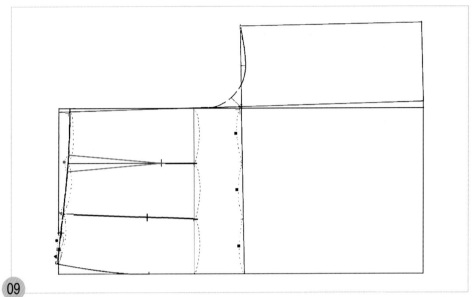

09 뒤 중심 쪽 다트는 허리선 쪽 다트 위치와 다트 끝점을 직선자로 연결하여 다트 완성선을 그린다.

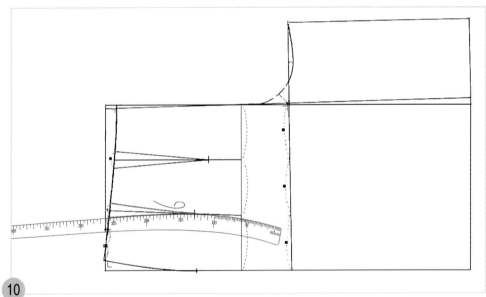

10 옆선 쪽 다트는 hip곡자가 다트 끝점에서 1cm 다트 중심선에 닿으면서 허리선 쪽 다트 위치와 연결되는 곡선을 찾아 맞추고 다트 완성선을 그린다.

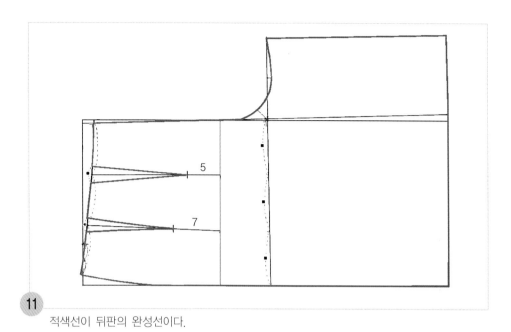

11

적색선이 뒤판의 완성선이다.

앞판 제도하기

1. 기초선을 그린다.

앞 중심 안내선

01

수평으로 큐롯 길이의 앞 중심 안내선을 그린다.

밑
단
선

02

직각으로 밑단 선을 그린다.

허
리
안
내
선

L

큐롯 길이

03 밑단 쪽 옆선 끝에서 큐롯 길이를 재어 표시하고 직각으로 허리 안내선을 그린다.

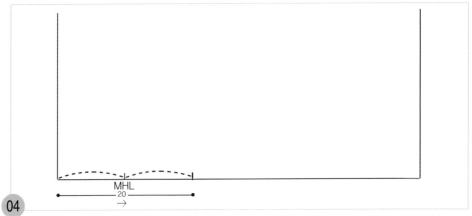

MHL
20
→

04 허리선 쪽 옆선 끝에서 20cm 밑단 쪽으로 나가 히프선 위치를 표시하고, 히프선에서 히프
선까지를 2등분하여 중 히프선 위치를 표시한다.

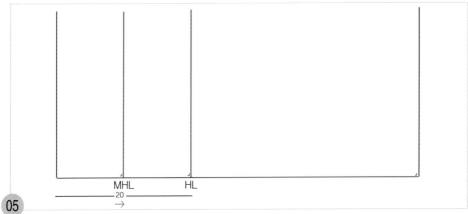

MHL   HL
20
→

05 히프선과 중 히프선의 표시한 곳에서 직각으로 히프선과 중 히프선을 각각 올려 그린다.

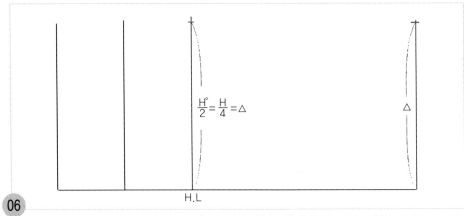

06

앞 중심선 쪽에서 히프선을 따라 H°/2=H/4 치수를 올라가 히프선 끝점을 표시하고, 같은
치수를 재어 밑단 선 쪽에도 표시한다.

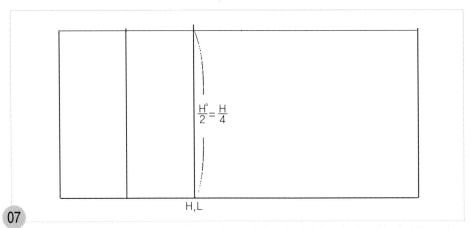

07

히프선과 밑단 선에 표시한 두 점을 직선자로 연결하여 허리선까지 옆선의 안내선을 그린다.

2. 앞 밑둘레 폭을 추가하여 안쪽 다리선과 앞 밑둘레 선을 그린다.

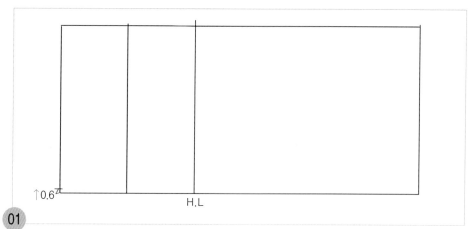

01 앞 중심선 쪽 허리선 끝에서 0.6cm 올라가 앞 중심선의 완성선을 그릴 통과점을 표시한다.

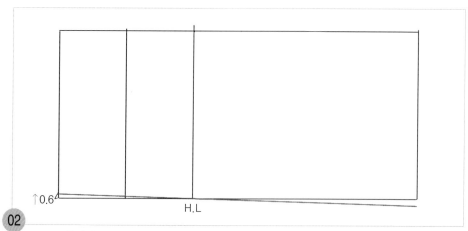

02 0.6cm 올라가 표시한 점과 히프선 끝점을 직선자로 연결하여 밑단 선까지 앞 중심선을 그린다.

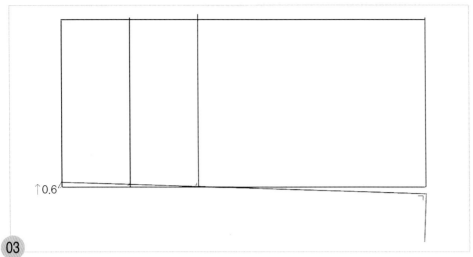

03

밑단 쪽 앞 중심선 끝에서 직각으로 길게 밑단 선을 내려 그린다.

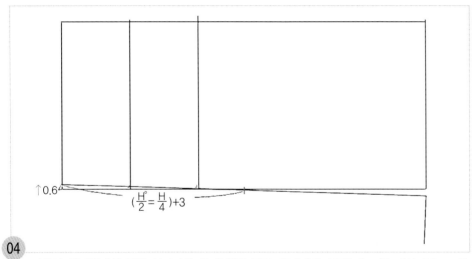

$\uparrow 0.6$

$(\dfrac{H°}{2}=\dfrac{H}{4})+3$

04

뒤판의 허리선에서 밑위 선까지의 뒤 중심선 길이, 즉 $(H°/2=H/4)+3cm$를 재어 0.6cm 올라가 새로 그린 앞 중심선의 허리선에서 앞 중심선을 따라 내려가 밑위 선 위치를 표시한다.

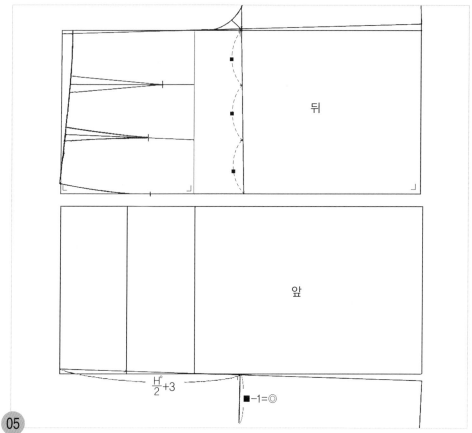

05

밑위 선 위치를 표시한 위치에서 직각으로 뒤 밑위 안내선의 ■－1cm한 치수의 앞 밑둘레 폭 선을 내려 그린다.

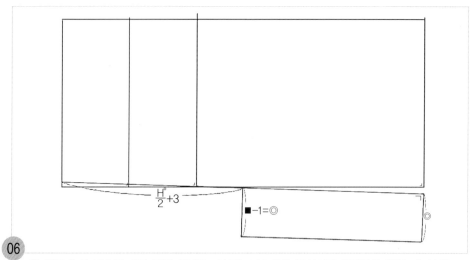

06

앞 밑둘레 폭 치수를 재어 밑단 쪽에도 표시하고 두 점을 직선자로 연결하여 안쪽 다리선을 그린다.

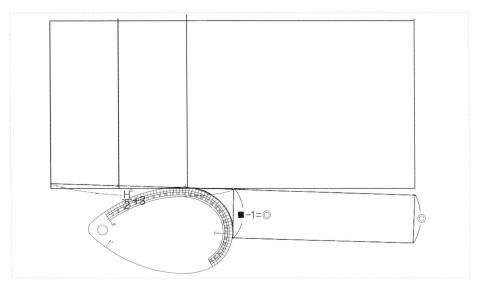

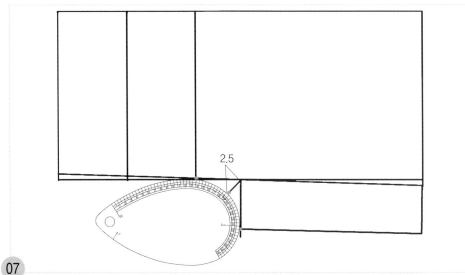

07

위쪽의 그림처럼 앞 밑둘레 폭 끝점과 앞 중심선을 AH자 앞쪽을 수평으로 바르게 맞추어 연결하고 앞 밑둘레 선을 그린다.

※ 여기서 사용한 AH자와 다른 AH자를 사용할 경우에는 아래쪽 그림처럼 앞 중심선의 밑위 선 위치에서 약 45° 각도로 2.5cm의 선을 그리고, 앞 밑둘레 폭 끝점과 2.5cm 그린 선의 끝점을 통과하면서 앞 중심선과 연결되는 AH자로 맞추어 앞 밑둘레 선을 그린다.

3. 히프선 위쪽 옆선의 완성선을 그린다.

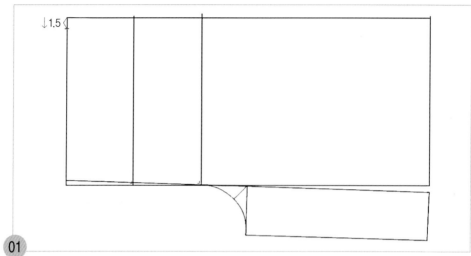

옆선 쪽 허리선 끝에서 1.5cm 내려와 옆선의 완성선을 그릴 통과점을 표시한다.

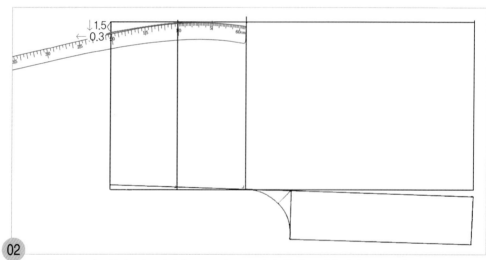

허리선에서 히프선의 2/3 지점에 hip곡자 5 근처의 위치를 맞추면서 1.5cm 올라가 표시한 점과 연결하여 히프선 위쪽 옆선의 완성선을 허리선에서 0.3cm 추가하여 그린다.

4. 허리선을 그리고 다트를 그린다.

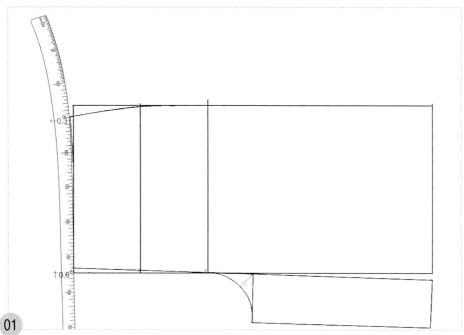

01

0.3cm 추가하여 그린 옆선의 끝점에 hip곡자 15 근처의 위치를 맞추면서 허리 안내선과 연결하여 앞 허리 완성선을 그린다.

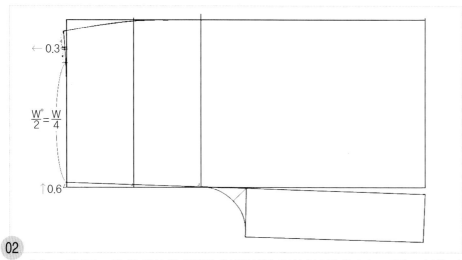

02

0.6cm 올라가 그린 앞 중심 쪽 허리선 끝에서 W°2=W/4 치수를 올라가 표시하고, 남은 허리선의 분량을 2등분한 다음, 2등분한 점에서 0.3cm 앞 중심선 쪽으로 이동하여 차이지는 두 개의 다트량을 표시해 둔다.

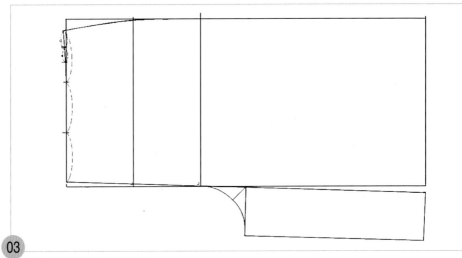

03 허리 완성선을 3등분한다.

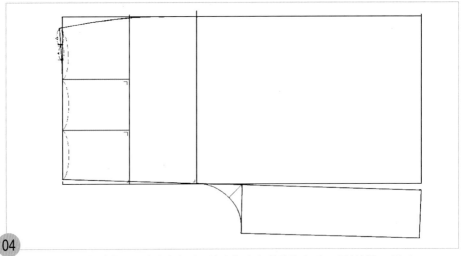

04 중 히프선에서 직각으로 허리선의 1/3 위치와 각각 연결하여 다트 중심선을 그린다.

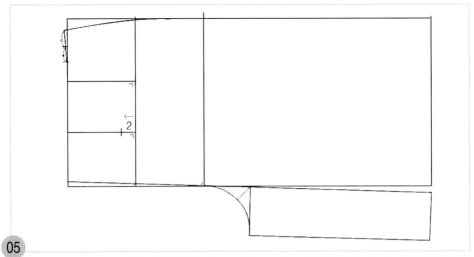

05

옆선 쪽 다트는 중 히프선 위치를 다트 끝점으로 하고, 앞 중심 쪽 다트는 중 히프선에서 2cm 허리선 쪽으로 올라가 다트 끝점의 표시를 한다.

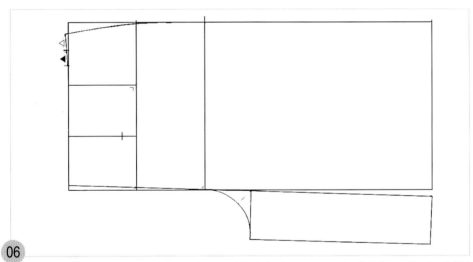

06

다트량이 많은 것(△)을 옆선 쪽 다트 중심선에서 다트량의 1/2씩 위아래로 나누어 허리선 쪽 다트 위치를 표시하고, 다트량이 적은 것(▲)을 앞 중심 쪽 다트 중심선에서 다트량의 1/2 씩 위아래로 나누어 허리선 쪽 다트 위치를 표시한다.

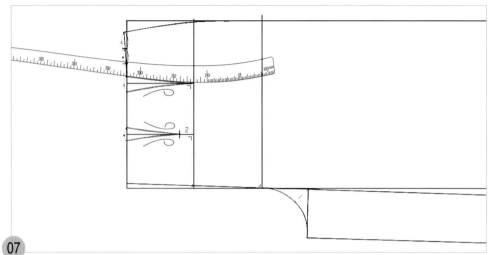

07 hip곡자가 다트 끝점에서 1cm 정도 다트 중심선에 닿으면서 허리선 쪽 다트 위치와 연결되는 곡선을 찾아 맞추고 다트 완성선을 그린다.

5. 주머니 입구 선을 그린다.

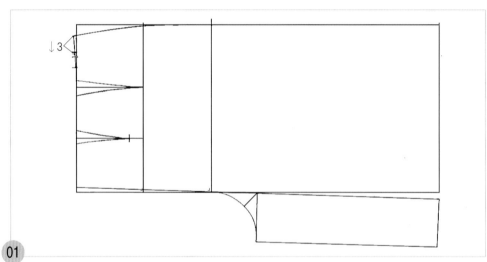

01 옆선 쪽 허리선 끝에서 3cm 내려와 주머니 입구의 표시를 한다.

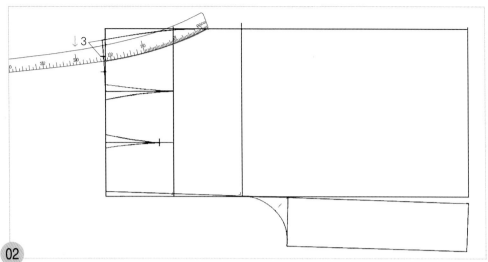

02
3cm 내려와 표시한 점에 hip곡자 15 위치를 맞추면서 hip곡자의 끝이 옆선에 마주 닿도록 연결하여 주머니 입구 선을 그린다.

6. 앞 중심선의 지퍼 다는 곳에 스티치 선을 그린다.

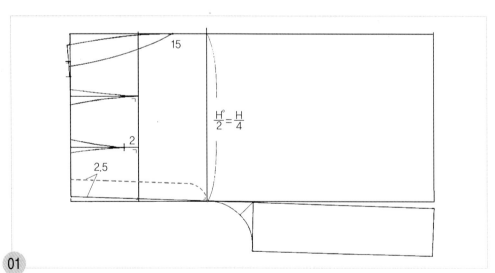

$$\frac{H^\circ}{2} = \frac{H}{4}$$

01
앞 중심선에서 2.5cm 폭으로 히프선의 2cm 전까지 표시한 다음 직선으로 지퍼 스티치 선을 그리고, 지퍼 트임 끝쪽은 둥글게 그린다.

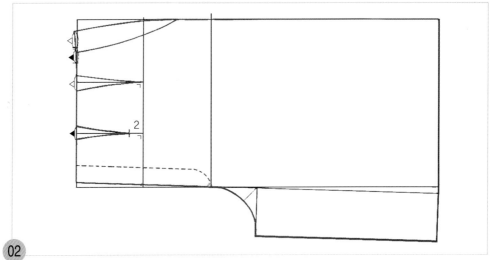

02 적색선이 앞판의 완성선이다.

허리 벨트 그리기

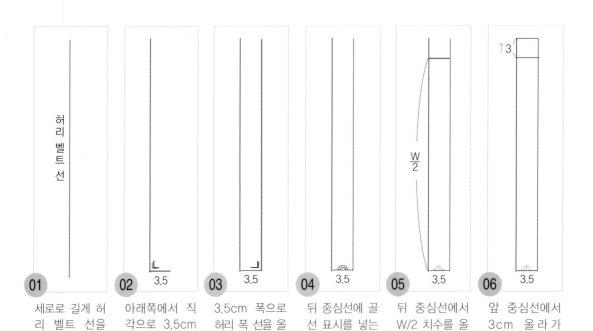

01 세로로 길게 허리 벨트 선을 그린다.

02 아래쪽에서 직각으로 3.5cm 폭의 뒤 중심선을 그린다.

03 3.5cm 폭으로 허리 폭 선을 올려 그린다.

04 뒤 중심선에 골선 표시를 넣는다.

05 뒤 중심선에서 W/2 치수를 올라가 직각으로 앞 중심선을 그린다.

06 앞 중심선에서 3cm 올라가 앞 왼쪽 낸단분 선을 그린다.

힙본 슬림 팬츠 Hipbone Slim Pants...

■■■ P.A.N.T.S 07

스타일 ◦◦● 허리선보다 내려온 위치의 골반에 맞게 걸쳐 입는 바지로, 전체적으로 여유량이 적고 단 쪽을 향해 좁아지며, 몸에 딱 달라붙는 스포티한 스타일이다.

소 재 ◦◦● 신체의 움직임이 많은 부분에 착용하는 의복이므로 탄력이 있고 잘 구겨지지 않으며, 신축성이 있는 스트레치 소재가 적합하다.

힙본 슬림 팬츠의 제도 순서

제도 치수 구하기 ·····▶

계측 치수		제도 각자 사용 시의 제도 치수	일반 자 사용 시의 제도 치수
허리 둘레(W)	68cm	W° = 34	W / 4 = 17cm
엉덩이 둘레(H)	94cm	H° = 47	H / 4 = 23.5cm
바지 길이	92cm (벨트 제외)	92cm	92cm
밑위 깊이		H° / 2 + 1cm	H / 4 + 1.5cm = 25cm
앞 밑둘레 폭		H° / 8 − 2cm	H / 16 − 2cm = 3.9cm
뒤 밑둘레 폭		H° / 8 − 0.6cm	H / 16 − 0.6cm = 5.cm
무릎 둘레	40cm	무릎 둘레 / 4 − 0.6cm = 9.4cm	
바짓단 폭	15cm	바짓단 폭 / 2 − 0.6cm = 6.9cm	

앞판 제도하기 ·····▶

1. 기초선 그리기

옆선의 안내선

01 수평으로 바지 길이 만큼 옆선의 안내선을 그린다.

바짓단 안내선

02 직각으로 바짓단 안내선을 그린다.

03 바짓단 선 쪽 옆선 끝에서부터 바지 길이를 재어 표시하고 직각으로 허리 안내선을 그린다.

04 허리선 쪽 옆선 끝에서 바짓단 쪽으로 H°/2+1cm=H/4+1cm 치수를 나가 표시하고 직각으로 밑위 안내선을 그린다.

05 밑위 안내선에서 허리선 쪽으로 H°/6=H/12 치수를 나가 표시하고 직각으로 히프선을 그린다.

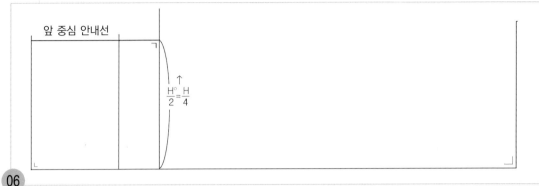

06

밑위 안내선상의 옆선 위치에서 H°/2=H/4 치수를 올라가 표시하고 직각으로 허리 안내선까지 연결하여 앞 중심 안내선을 그린다.

2. 앞 밑둘레 폭을 추가해 밑위 선을 정하고 주름산 선을 그린다.

01

앞 중심 안내선과 밑위 안내선의 교점에서 H°/8=H/16 치수를 올라가 밑위 선 끝점을 표시한다.

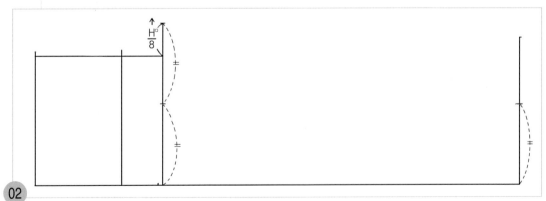

02

밑위 선 전체를 2등분하여 그 1/2 치수를 바짓단 쪽에도 표시한다.

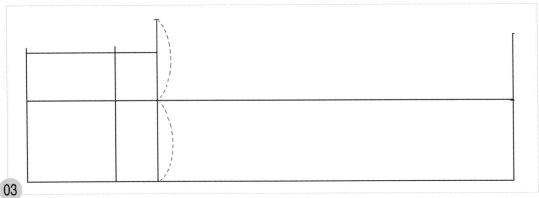

03 2등분한 두 점을 직선자로 연결하여 주름산 안내선을 그린다.

04 바짓단 쪽의 주름산 선에서 1.5cm 올라가 주름산 선 위치를 이동하고, 히프선과 직선자로 연결하여 주름산 선을 수정한다(바짓단 폭 16cm 미만일 경우만 주름산 선 이동함).

3. 바짓단 폭과 무릎 폭을 정해 무릎 밑 옆선과 안쪽 다리선을 그린다.

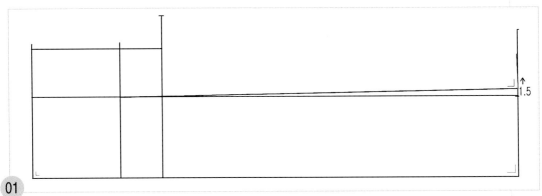

01 바짓단 쪽의 1.5cm 이동하여 수정한 주름산 선 끝에서 직각으로 안쪽 다리선 쪽 바짓단 선을 그린다.

02 바짓단 쪽의 1.5cm 이동하여 수정한 주름산 선 끝에서 직각으로 옆선 쪽 바짓단 선을 그린다.

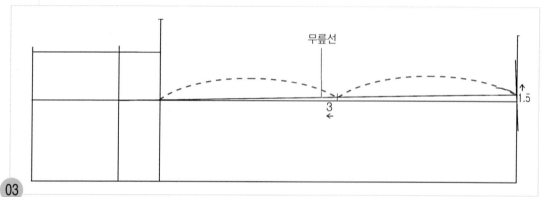

03 밑위 선에서 바짓단 선까지의 수정한 주름산 선을 2등분하고, 그 곳에서 허리선 쪽으로 3cm 올라가 직각으로 무릎선을 그린다.

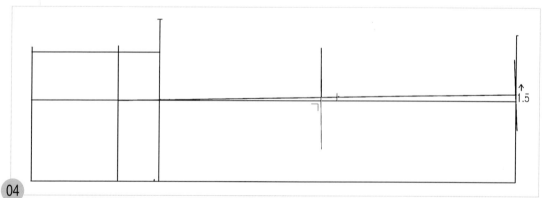

04 옆선 쪽도 주름산 선에서 직각으로 무릎선을 그린다.

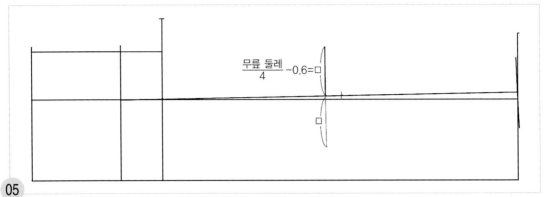

05

무릎 둘레 치수를 4등분하여 −0.6cm한 치수를 주름산 선에서 각각 위아래로 무릎 폭 끝점을 표시한다.

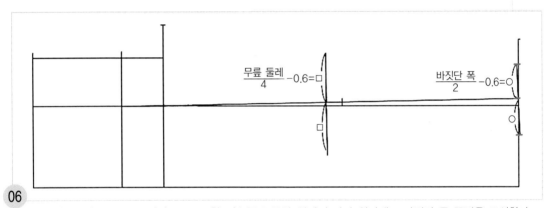

06

바짓단 폭 치수를 2등분하여 −0.6cm한 치수를 주름산 선에서 각각 위아래로 바짓단 폭 끝점을 표시한다.

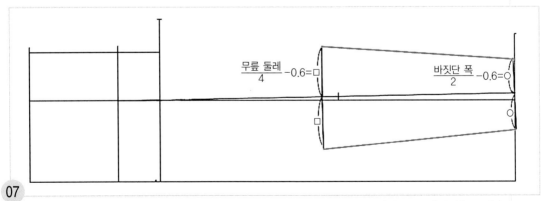

07

무릎 폭 끝점과 바짓단 폭 끝점의 두 점을 직선자로 연결하여 무릎 밑 옆선과 안쪽 다리선을 그린다.

4. 무릎 위 옆선과 안쪽 다리선을 그린다.

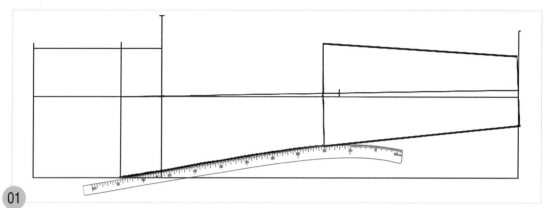

01 옆선 쪽 무릎 폭점에 hip곡자의 15 근처의 위치를 맞추면서 히프선과 연결하여 무릎 위 옆선을 그린다.

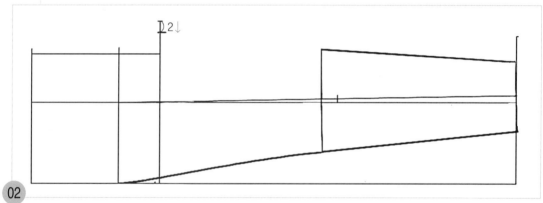

02 앞 밑위 선의 끝점에서 2cm 내려와 앞 밑둘레 폭 끝점을 표시한다.

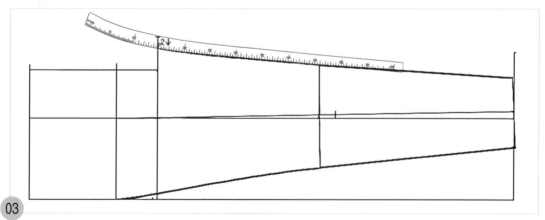

03 앞 밑둘레 폭 끝점에 hip곡자 15 위치를 맞추면서 무릎 폭 점과 연결하여 무릎 위 안쪽 다리선을 그린다.

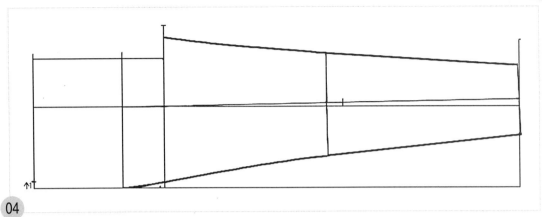

04 옆선 쪽 허리선 끝에서 1cm 올라가 옆선의 완성선을 그릴 통과점을 표시한다.

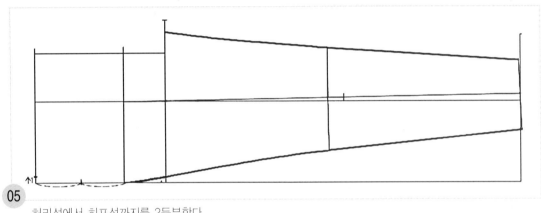

05 허리선에서 히프선까지를 2등분한다.

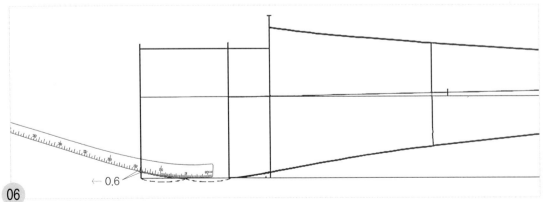

← 0.6

06 허리선과 히프선의 1/2 위치에 hip곡자 5 근처의 위치를 맞추면서 허리선에서 1cm 올라가 표시한 통과점
과 연결하여 히프선 위쪽 옆선의 완성선을 허리선에서 0.6cm 연장시켜 그린다.

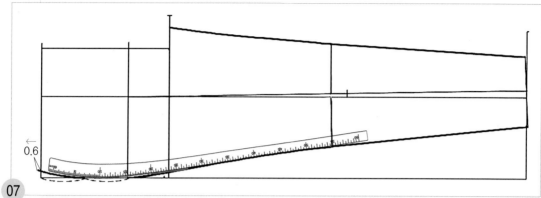

07 허리선과 히프선의 1/2 위치에 hip곡자 7 근처의 위치를 맞추면서 무릎 위 옆선과 연결하여 옆선 쪽 히프선 위치의 각진 부분을 자연스런 곡선으로 옆선의 완성선을 수정한다.

5. 앞 중심 완성선을 그린다.

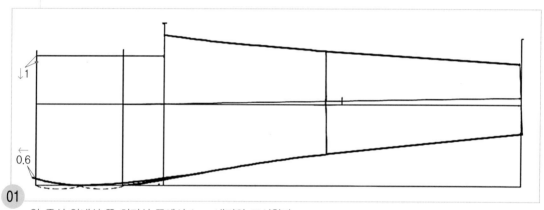

01 앞 중심 안내선 쪽 허리선 끝에서 1cm 내려와 표시한다.

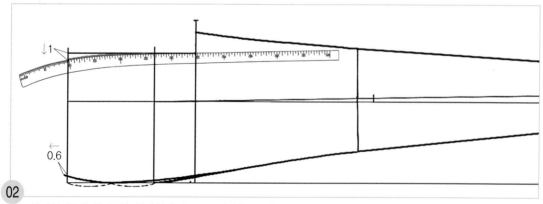

02 허리선 쪽의 앞 중심 안내선에서 1cm 내려온 곳에 hip곡자의 10 위치를 맞추면서 앞 중심선상의 히프선 위치와 연결하여 앞 중심 완성선을 그린다.

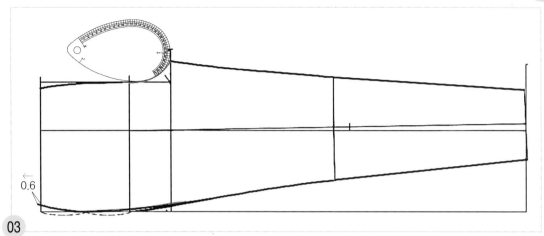

03

앞 밑둘레 폭 끝점과 앞 중심의 히프선 위치에 앞 AH자 쪽을 수평으로 바르게 맞추어 대고 앞 밑둘레 완성선을 그린다.

6. 허리 완성선을 그리고 다트를 그린다.

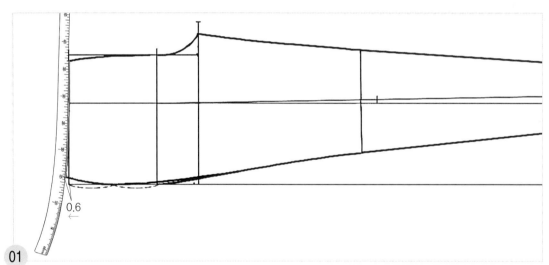

01

옆선의 0.6cm 올라간 위치에 hip곡자 15의 위치를 맞추면서 앞 중심 완성선과 연결하여 허리 완성선을 그린다.

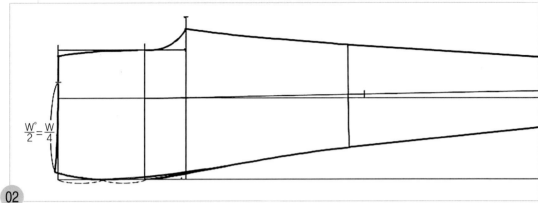

02

옆선 쪽 허리 완성선에서 앞 중심 쪽으로 W°/2=W/4 치수를 올라가 표시한다.

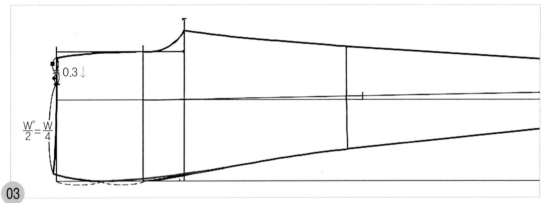

03

W°/2=W/4 치수를 제하고 남은 허리선의 분량을 2등분한 다음, 2등분한 위치에서 0.3cm 옆선 쪽으로 이동하여 차이지는 두 개의 다트량을 표시해 둔다.

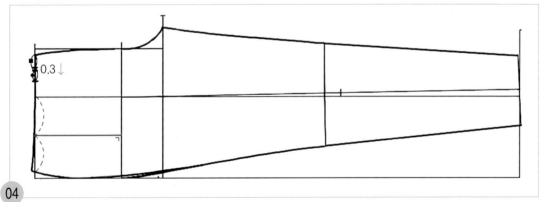

04

주름산 선에서 옆선까지의 허리선 거리를 2등분하고, 히프선에서 직각으로 허리선의 1/2점과 연결하여 다트 중심선을 그린다.

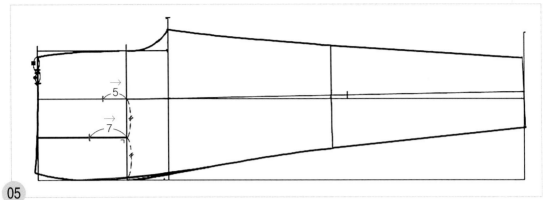

05

앞 중심 쪽 다트는 주름산 선을 다트 중심선으로 하여 히프선에서 5cm, 옆선 쪽 다트는 7cm 허리선 쪽으로 올라가 다트 끝점을 표시한다.

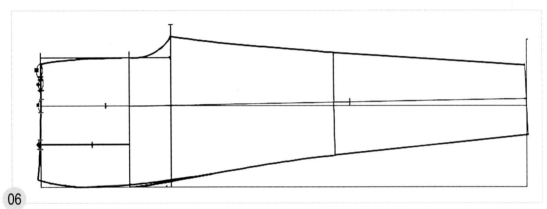

06

다트량이 많은 것(■)을 앞 중심 쪽 다트 중심선에서 다트량의 1/2씩 위 아래로 나누어 표시하고, 다트량이 적은 것(●)을 옆선 쪽 다트 중심선에서 1/2씩 위 아래로 나누어 허리선 쪽 다트 위치를 표시한다.

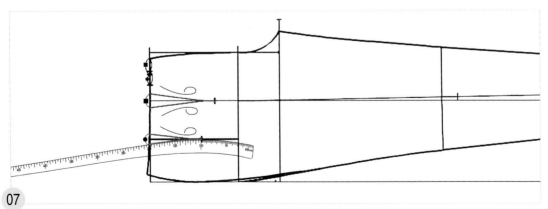

07

다트 끝점에 hip곡자 10 위치를 맞추면서 허리선 쪽 다트 위치와 연결하여 다트 완성선을 그린다.

7. 골반 위치를 정해 허리 벨트 선을 그리고 다트를 수정한다.

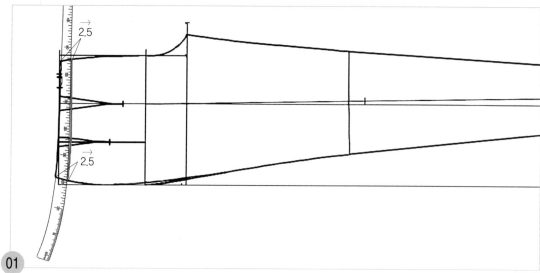

01

앞 중심에서 옆선까지 2.5cm 폭으로 허리 벨트 선 위치를 표시하고 옆선의 완성선에 hip곡자 15 근처의
위치를 맞추면서 앞 중심 쪽에서 2.5cm 폭으로 표시한 점과 연결하여 허리 벨트 선을 그린다.

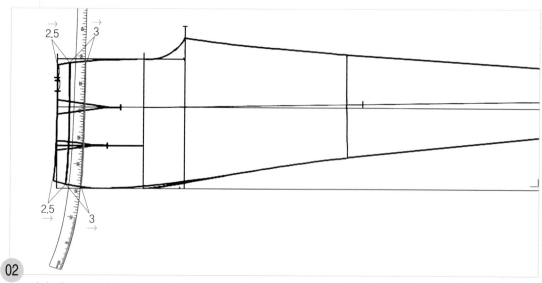

02

허리 벨트 선에서 3cm 폭으로 허리 벨트 폭 선 위치를 표시하고, 옆선의 완성선에 hip곡자 16 근처의 위치
를 맞추면서 앞 중심 쪽에서 3cm 폭으로 표시한 점과 연결하여 허리 벨트 폭 선을 그린다.

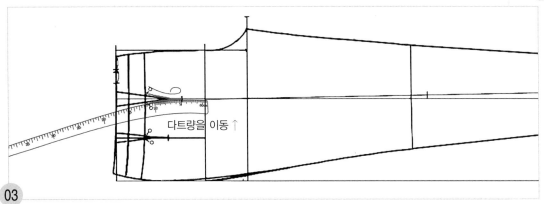

03

허리 벨트 폭 선에서 남은 옆선 쪽 다트량을 앞 중심 쪽 다트로 이동하여 표시하고, 다트 끝점에 hip곡자 5 근처의 위치를 맞추면서 허리 벨트 폭 선의 다트 위치와 연결하여 다트 완성선을 수정한다.

8. 지퍼 트임 끝 위치를 표시하고 스티치 선을 그린다.

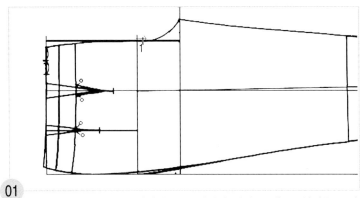

01

앞 중심 쪽 히프선 위치에서 1cm 내려가 지퍼 트임 끝 위치를 표시한다.

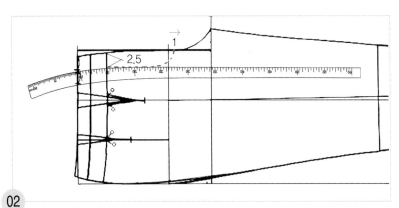

02

허리 벨트 폭 선과 히프선의 2cm 전까지 앞 중심선에서 2.5cm 폭으로 표시하고, 허리 벨트 폭 선에 hip곡자 15 위치를 맞추면서 히프선 쪽에 표시한 점과 연결하여 지퍼 스티치 선을 그린 다음, 지퍼 트임 끝쪽은 둥글게 그린다.

9. 주머니 입구의 완성선을 그린다.

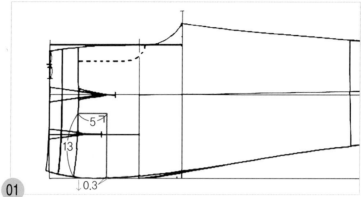

01 허리 벨트 폭 선의 옆선 쪽 허리선 끝에서 13cm 올라가 수평으로 5cm 그리고 직각으로 옆선에서 0.3cm 추가하여 주머니 입구 안내 선을 내려 그린다.

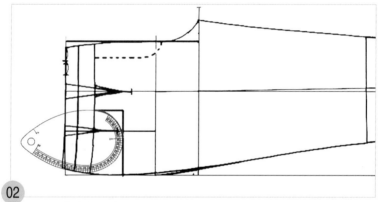

02 13cm 올라간 곳과 5cm 폭으로 직각으로 그린 선에 앞 AH자를 수 평으로 바르게 연결하여 주머니 입구 선을 그린다.

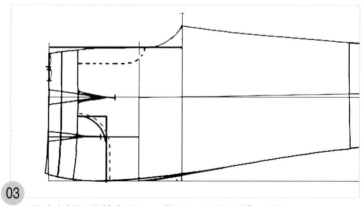

03 주머니 입구 주위에 0.5cm 폭으로 스티치 선을 그린다.

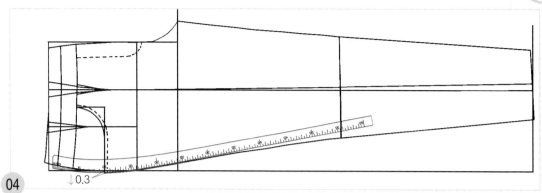

04

옆선 쪽에서 0.3cm 추가하여 내려 그린 주머니 입구 선 끝점에 hip곡자 10 위치를 맞추면서 무릎 위 옆선과 연결하여 주머니 입구 쪽 옆선을 수정한다.

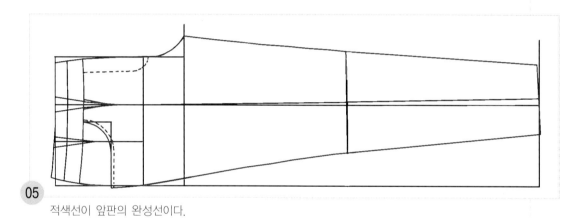

05

적색선이 앞판의 완성선이다.

뒤판 제도하기 ·····➔

1. 앞판을 옮겨 그린다.

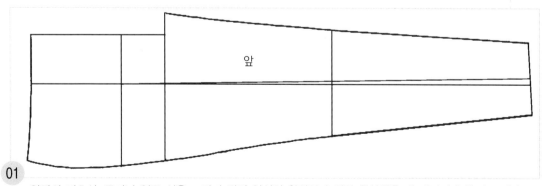

앞

01

앞판의 기초선, 주머니 입구 선을 그리기 전의 옆선의 완성선과 외곽 완성선을 새 패턴지에 옮겨 그린다.

2. 밑단의 폭과 무릎 둘레의 폭을 추가한다.

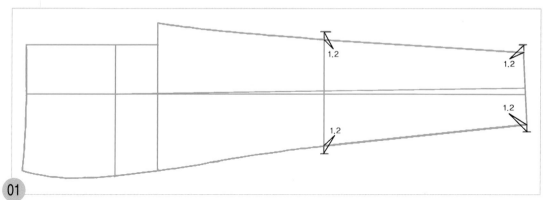

01 앞판의 무릎선과 바짓단 선 끝에서 위 아래로 1.2cm씩 추가하여 뒤판의 무릎 폭과 바짓단 폭을 그린다.

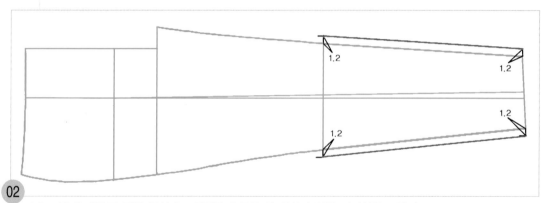

02 1.2cm씩 추가한 두 점을 직선자로 연결하여 무릎 밑 옆선과 안쪽 다리선을 그린다.

3. 뒤 밑둘레 폭을 추가하고 뒤 중심선과 안쪽 다리선, 옆선을 그린다.

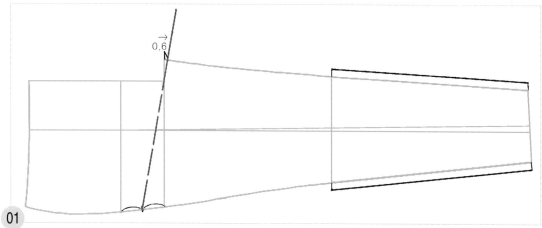

01

앞판의 히프선과 밑위 선의 옆선 거리를 2등분한 다음, 앞 밑둘레 폭 끝점에서 안쪽 다리선을 따라 0.6cm 내려가 표시하고, 2등분한 점과 직선자로 연결하여 뒤 밑위 선을 그린다.

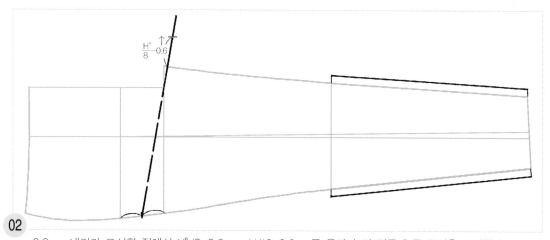

02

0.6cm 내려가 표시한 점에서 H°/8-0.6cm=H/16-0.6cm를 올라가 뒤 밑둘레 폭 끝점을 표시한다.

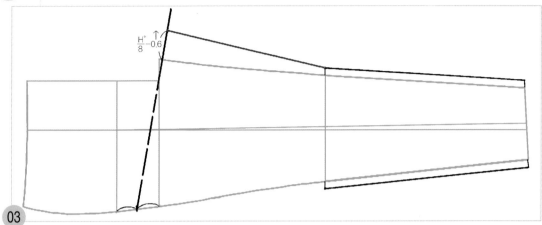

03 뒤 밑둘레 폭 끝점과 무릎선의 두 점을 직선자로 연결하여 무릎 위 안쪽 다리 안내선을 그린다.

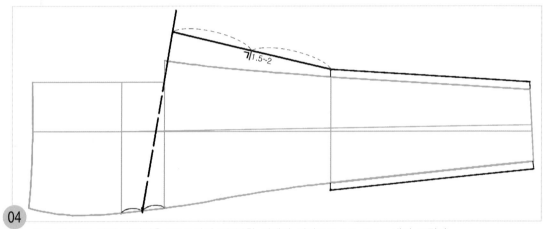

04 무릎 위 안쪽 다리 안내선을 2등분하여 2등분한 점에서 직각으로 1.5~2cm 내려 그린다.

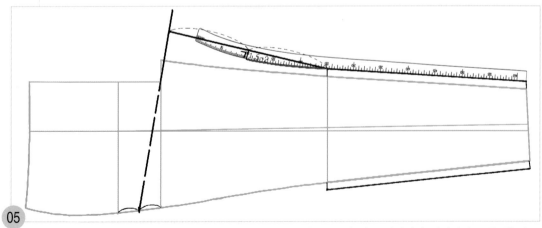

05 1.5~2cm 내려온 점에 hip곡자 10 근처의 위치를 맞추면서 무릎 밑 안쪽 다리선과 연결하여 무릎 위 안쪽 다리선을 그린다.

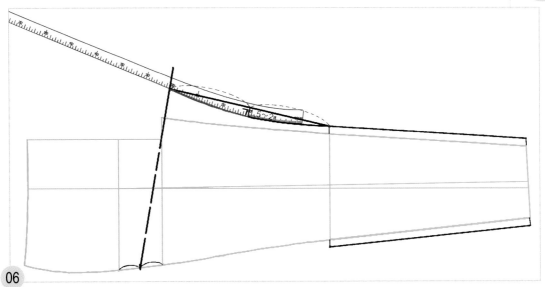

06

1.5~2cm 내려온 점에 hip곡자 10 근처의 위치를 맞추면서 뒤 밑둘레 폭 끝점과 연결하여 남은 무릎 위 안쪽 다리선을 그린다.

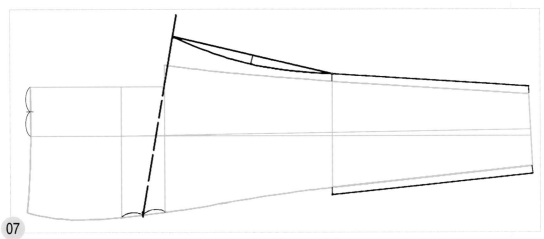

07

앞판의 앞 중심 안내선에서 주름산 선까지의 허리선을 2등분한다.

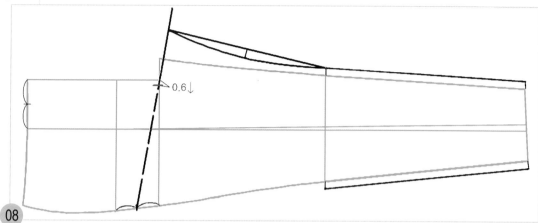

08 앞판의 앞 중심선과 뒤 밑위 안내선의 교점에서 밑위 안내선을 따라 0.6cm 내려와 뒤 밑둘레 폭 점을 표시
한다.

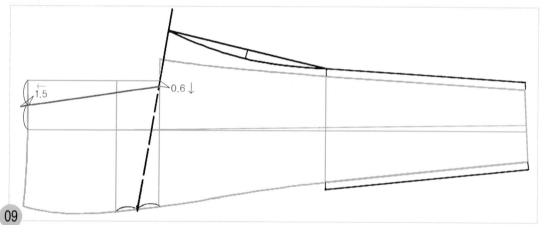

09 앞판의 허리선을 2등분한 1/2점과 뒤 밑둘레 폭 점 두 점을 직선자로 연결하여 허리선 쪽에서 운동량으로
서 1.5cm를 추가하여 뒤 중심선을 그린다.

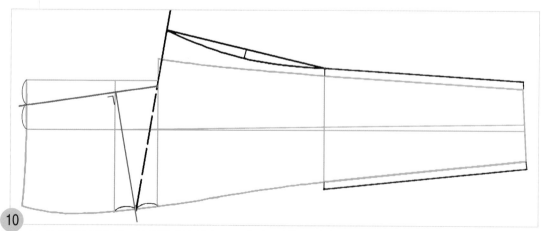

10 뒤 중심선의 앞판 히프선 위치에서 직각으로 뒤 히프선을 그린다.

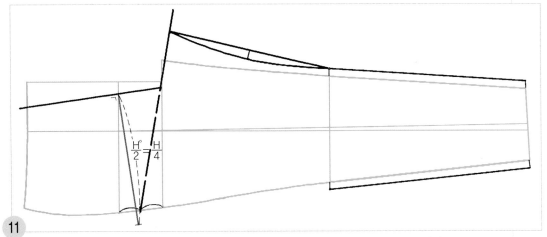

11

뒤 중심선 쪽에서 히프선을 따라 H°/2=H/4 치수를 내려와 뒤 히프선 끝점을 표시한다.

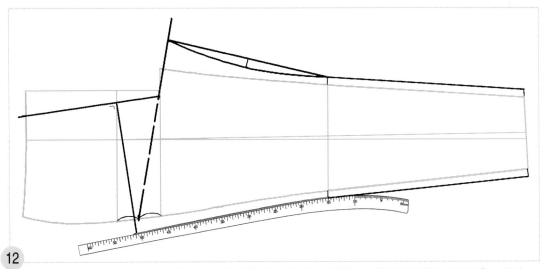

12

뒤 무릎 폭 점에 hip곡자 15 근처의 위치를 맞추면서 뒤 히프선 끝점과 연결하여 무릎 위 옆선을 그린다.

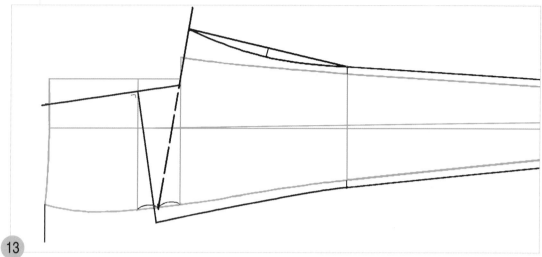

13

앞판의 옆선 쪽 허리선 끝에서 수직으로 뒤 허리 안내선을 그린다.

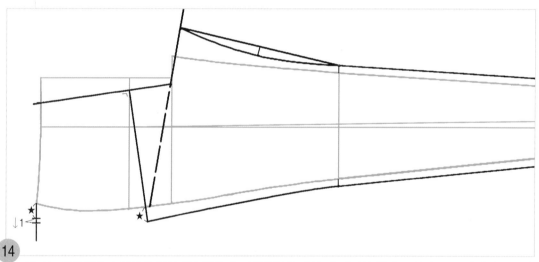

14

뒤 히프선의 끝점과 앞판의 옆선과의 차이지는 분량(★)을 재어 뒤 허리선 쪽에 표시하고, 그 곳에서 1cm를 추가하여 뒤판의 허리선 끝점을 표시한다.

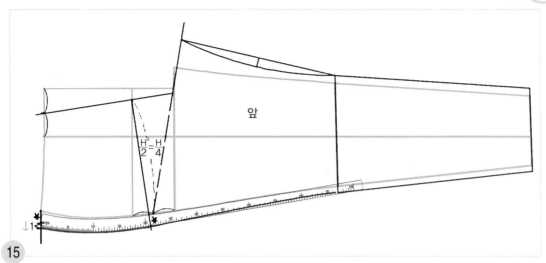

15

뒤판의 허리선 끝점에 hip곡자 끝 위치를 맞추면서 무릎 위 옆선과 연결하여 히프선 위쪽 뒤 옆선을 그린다.

4. 허리선을 그리고 다트를 그린다.

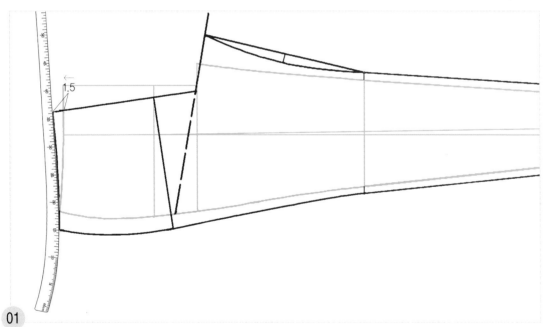

01

뒤 옆선 쪽 허리선 끝점에 hip곡자 15 근처의 위치를 맞추면서 1.5cm 추가한 뒤 중심선 끝점과 연결하여
뒤 허리 완성선을 그린다.

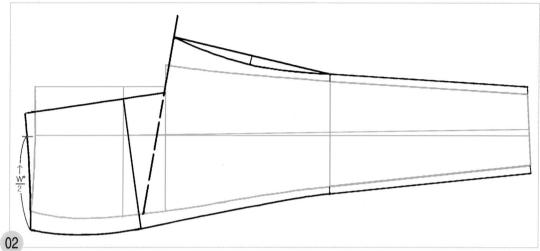

02 옆선 쪽 허리선 끝점에서 허리선을 따라 $W°/2=W/4$ 치수를 올라가 표시한다.

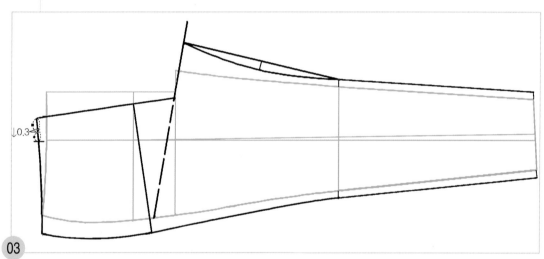

03 허리선에서 $W°/2=W/4$ 치수를 제하고 남은 허리선의 분량을 2등분하고, 2등분한 점에서 0.3cm 옆선 쪽으로 이동하여 차이지는 두 개의 다트량을 표시해 둔다.

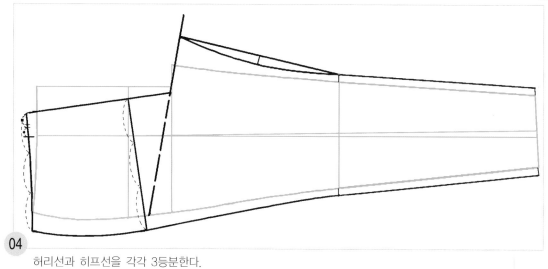

04 허리선과 히프선을 각각 3등분한다.

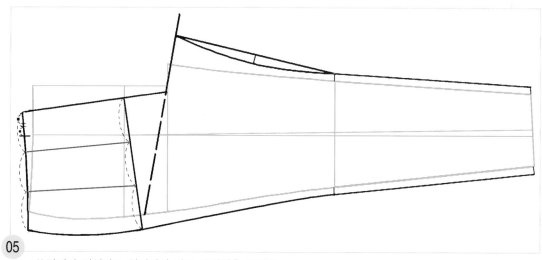

05 1/3점끼리 직선자로 연결하여 다트 중심선을 그린다.

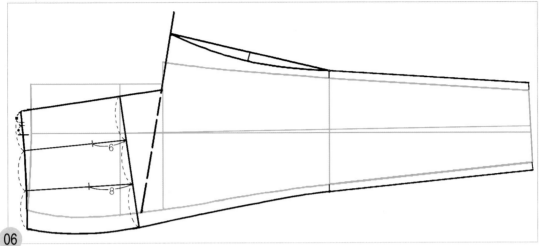

06 히프선에서 다트 중심선을 따라 뒤 중심 쪽 다트는 6cm, 옆선 쪽 다트는 8cm 허리선 쪽으로 올라가 다트 끝점 표시를 한다.

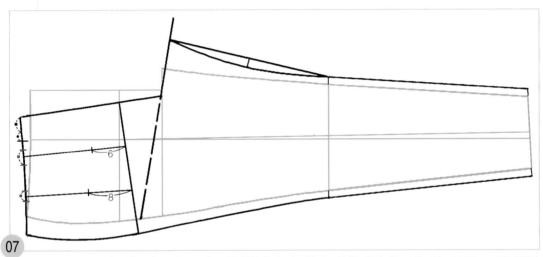

07 다트량이 많은 것(■)을 뒤 중심 쪽 다트 중심선에서 다트량의 1/2씩 위아래로 나누어 표시하고, 다트량이 적은 것(●)을 옆선 쪽 다트 중심선에서 다트량의 1/2씩 위아래로 나누어 허리선 쪽 다트 위치를 표시한다.

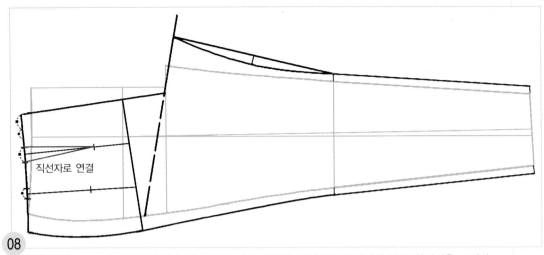

08 뒤 중심 쪽 다트는 다트 끝점과 허리선 쪽 다트 위치를 직선자로 연결하여 다트 완성선을 그린다.

직선자로 연결

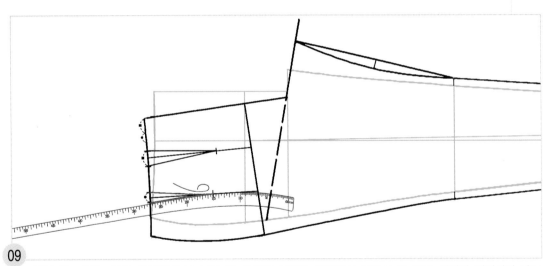

09 옆선 쪽 다트는 다트 끝점에서 hip곡자 15 근처의 위치를 맞추면서 허리선 쪽 다트 위치와 연결하여 다트 완성선을 그린다.

5. 골반 위치를 정해 허리 벨트 선을 그리고 다트를 수정한다.

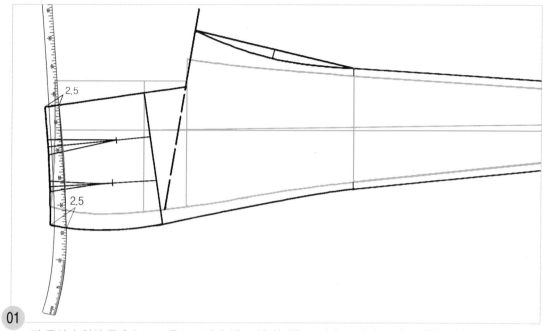

01

뒤 중심과 옆선 쪽에 2.5cm 폭으로 허리 벨트 선 위치를 표시하고, 옆선 쪽의 표시한 곳에 hip곡자 16 근처의 위치를 맞추면서 뒤 중심 쪽에 표시한 점과 연결하여 허리 벨트 선을 그린다.

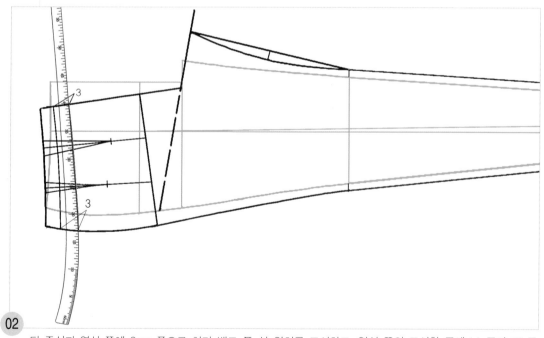

02

뒤 중심과 옆선 쪽에 3cm 폭으로 허리 벨트 폭 선 위치를 표시하고, 옆선 쪽의 표시한 곳에 hip곡자 17 근처의 위치를 맞추면서 뒤 중심 쪽에 표시한 점과 연결하여 허리 벨트 폭 선을 그린다.

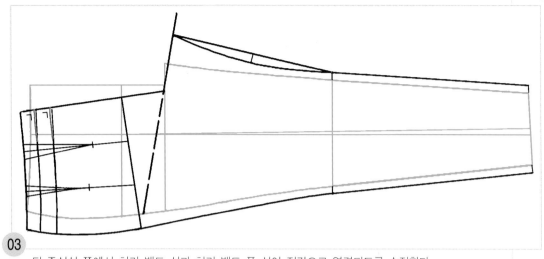

03

뒤 중심선 쪽에서 허리 벨트 선과 허리 벨트 폭 선이 직각으로 연결되도록 수정한다.

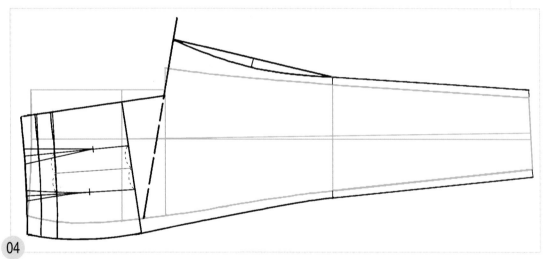

04

허리 벨트 폭선과 히프선의 다트와 다트 중심선 거리를 각각 2등분하고, 2등분한 점끼리 직선자로 연결하여 이동할 다트 중심선을 그린다.

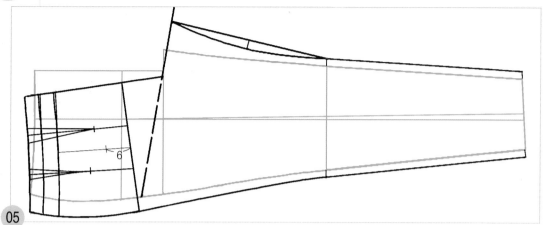

05 히프선에서 다트 중심선을 따라 6cm 허리선 쪽으로 올라가 다트 끝점 표시를 한다.

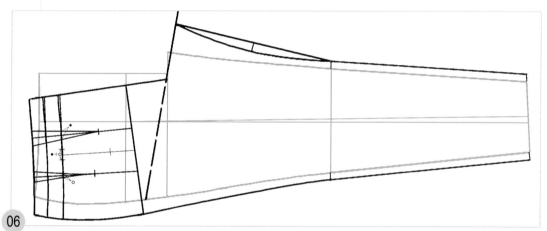

06 허리 벨트 폭 선의 두 개의 다트량(●+○)을 합하여 다트 중심선에서 다트량의 1/2씩 위아래로 나누어 허리 벨트 폭 선 쪽 다트 위치를 표시한다.

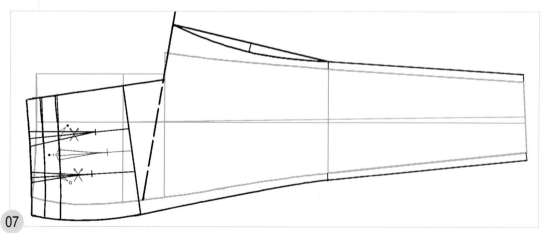

07 다트 끝점과 허리 벨트 폭 선 쪽 다트 위치를 직선자로 연결하여 다트 완성선을 그리면, 기존의 뒤 중심 쪽 과 옆선 쪽 다트는 없어지게 된다.

6. 뒤 밑둘레 선을 그린다.

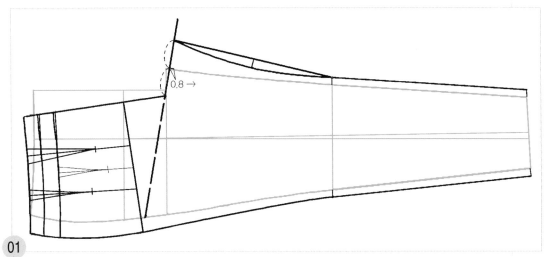

01 뒤 밑둘레 폭을 2등분하여 2등분한 점에서 0.8cm 바짓단 쪽으로 내려가 표시한다.

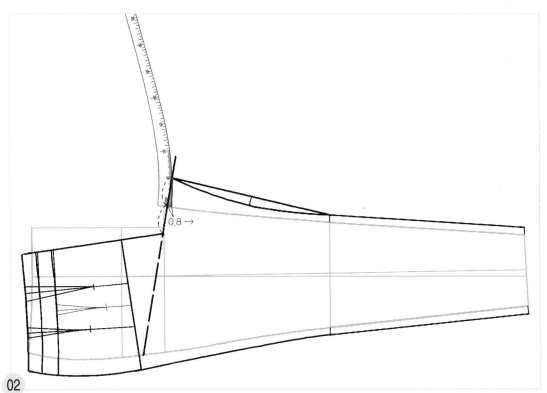

02 0.8cm 내려가 표시한 곳에 hip곡자 끝 위치를 맞추면서 뒤 밑둘레 폭 끝점과 연결하여 뒤 밑둘레 선을 그린다.

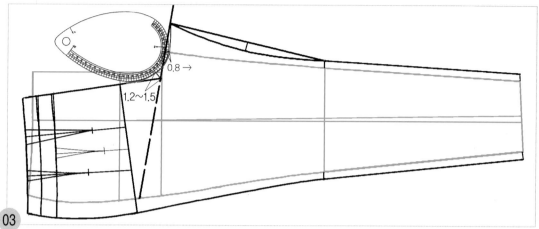

03 뒤 중심선과 뒤 밑위 선의 중간을 통과하는 1.2~1.5cm의 뒤 밑둘레 선을 그릴 통과선을 그린 다음 0.8cm 의 끝점과 1.2~1.5cm의 끝점을 통과하면서 뒤 중심선과 연결되도록 뒤 AH자 쪽으로 맞추어 얹고 남은 뒤 밑둘레 선을 그린다.

허리 벨트 그리기

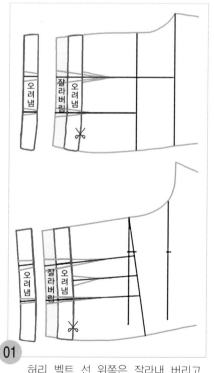

01 허리 벨트 선 위쪽은 잘라내 버리고, 3cm의 허리 벨트 폭을 오려낸다.

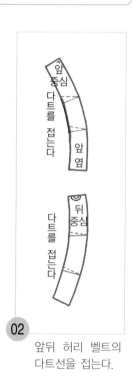

02 앞뒤 허리 벨트의 다트선을 접는다.

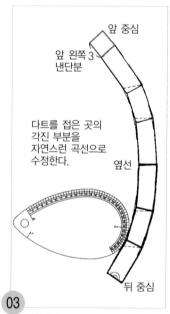

03 옆선끼리 마주 대어 연결하고 다트를 접은 각진 곳을 AH자 로 연결하여 수정한 다음, 앞 중심에서 앞 왼쪽 낸단분 3cm를 추가하여 그린다.

와이드 팬츠 Wide Pants...

스타일 ● ● ● 매니시한 느낌의 팬츠도 주름을 잡지 않은 넉넉한 스타일이면 부드러운 느낌을 준다.

소 재 ● ● ● 두꺼운 천은 피하고 얇고 탄력이 있는 울이나, 가볍고 부드러운 폴리에스테르 소재 또는 폴리에스테르와 레이온 혼방 소재가 적합하다.

제도 치수 구하기 ⋯⟶

계측 치수		제도 각자 사용 시의 제도 치수	일반 자 사용 시의 제도 치수
허리 둘레(W)	68cm	$W° = 34$	$W / 4 = 17$
엉덩이 둘레(H)	94cm	$H° = 47$	$H / 4 = 23.5$
바지 길이	92cm (벨트 제외)	92cm	
밑위 깊이		$H° / 2 + 1.5cm$	$H / 4 + 1.5cm = 25$
앞·뒤 밑둘레 폭		$H° / 8$	$H / 16 = 5.8$

앞판 제도하기 ⋯⟶

1. 기초선을 그린다.

01

수평으로 바지 길이 만큼 옆선의 안내선을 그린다.

바지단 안내선

02

직각으로 바짓단 선을 그린다.

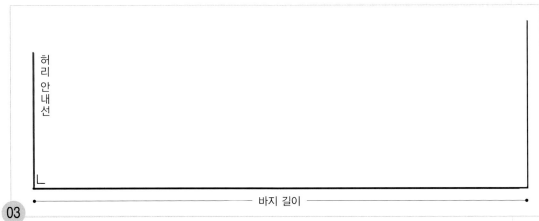

03

바짓단 쪽 옆선 끝에서 바지 길이 치수를 재어 표시하고, 직각으로 허리 안내선을 그린다.

04

허리선 쪽 옆선 끝에서 바짓단 쪽으로 H°/2+1.5cm=H/4+1.5cm 치수를 나가 표시하고 직각으로 밑위 안내선을 그린다.

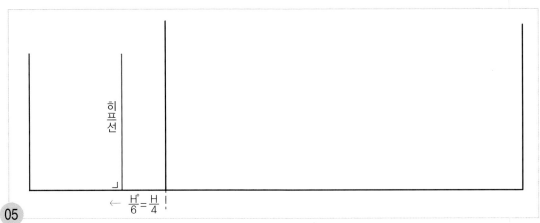

05

밑위 안내선에서 허리선 쪽으로 H°/6=H/12 치수를 나가 표시하고, 직각으로 히프선을 그린다.

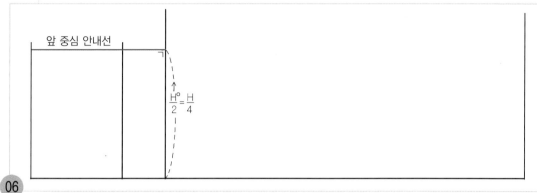

06   밑위 선의 옆선 위치에서 H°/2=H/4 치수를 올라가 표시하고, 직각으로 허리 안내선까지 연결하여 앞 중심 안 내선을 그린다.

2. 밑둘레 폭을 추가해 밑위 선을 정하고 주름산 선을 그린다.

01   앞 중심 안내선과 밑위 안내선의 교점에서 H°/8=H/16 치수를 올라가 앞 밑둘레 폭 끝점을 표시한다.

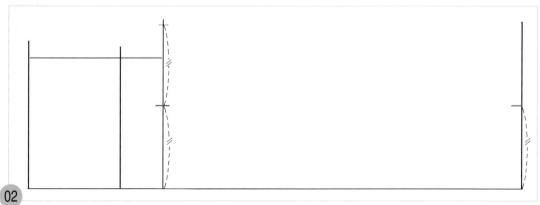

02   앞 밑둘레 폭 끝점에서 옆선 쪽 밑위 선까지를 2등분하여 그 1/2 치수를 바짓단 쪽에도 표시한다.

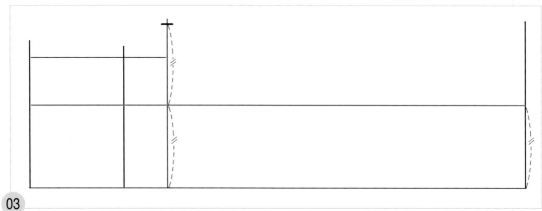

03

1/2점 두 점을 직선자로 연결하여 허리선까지 앞 주름산 선을 그린다.

3. 바짓단 폭을 정해 밑아래 안쪽 다리선을 그린다.

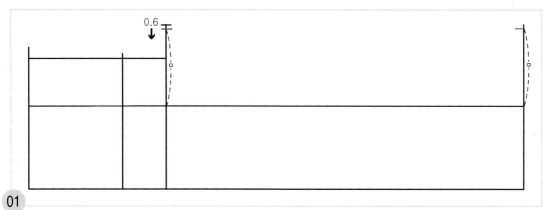

01

앞 밑둘레 폭 끝점에서 0.6cm 내려와 표시하고 주름산 선까지의 치수를 재어 같은 치수를 바짓단 쪽의 주름산 선에서 올라가 표시한다.

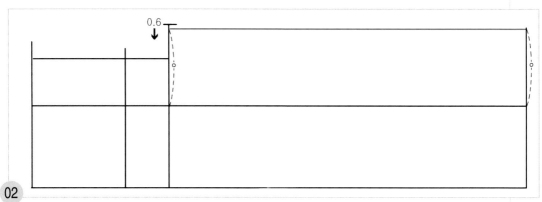

02

표시한 두 점을 직선자로 연결하여 밑아래 안쪽 다리선을 그린다.

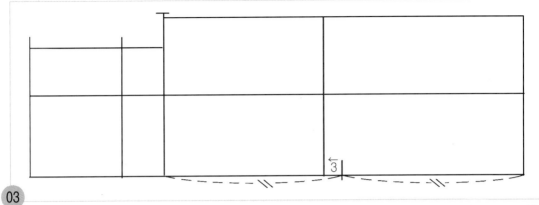

03 밑위 선에서 바짓단 선까지를 2등분하고, 2등분한 위치에서 3cm 밑위 선 쪽으로 올라가 직각으로 무릎선을 그린다.

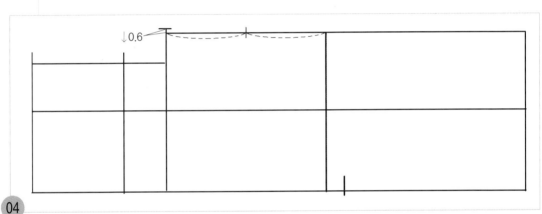

04 앞 밑둘레 폭 끝점에서 0.6cm 내려온 곳에서 무릎선까지의 안쪽 다리선을 2등분한다.

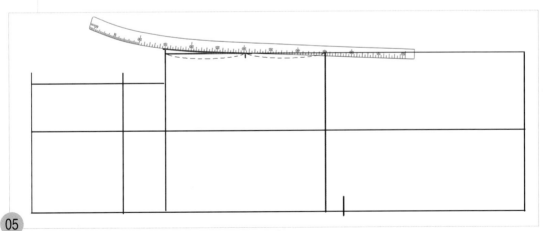

05 앞 밑둘레 폭 끝점에 hip곡자 15 근처의 위치를 맞추면서 2등분한 위치의 안쪽 다리선과 연결하여 무릎 위 안쪽 다리선을 수정한다.

4. 앞 중심선과 앞 밑둘레 선을 그린다.

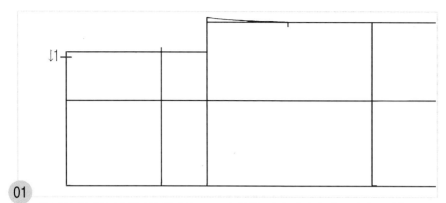

01 앞 중심 안내선 쪽 허리선 끝에서 1cm 허리선을 따라 내려와 앞 중심선 끝점을 표시한다.

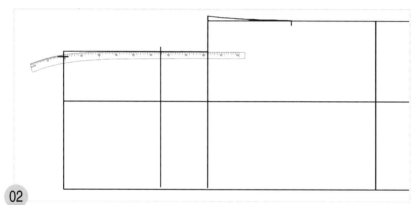

02 1cm 내려와 표시한 곳에 hip곡자 10 근처의 위치를 맞추면서 앞 중심 안내선상의 히프선 위치와 연결하여 앞 중심선을 그린다.

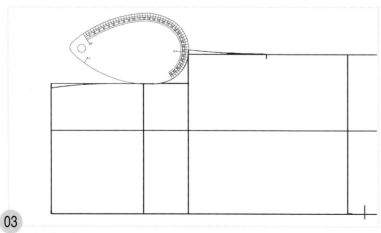

03 앞 밑둘레 폭 끝점과 앞 중심의 히프선 위치에 AH자 앞쪽을 수평으로 바르게 맞추어 대고 앞 밑둘레 선을 그린다.

5. 밑위 옆선을 그린다.

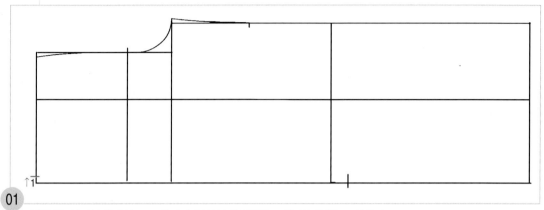

01
옆선 쪽 허리선 끝에서 1cm 올라가 옆선의 완성선을 그릴 통과점을 표시한다.

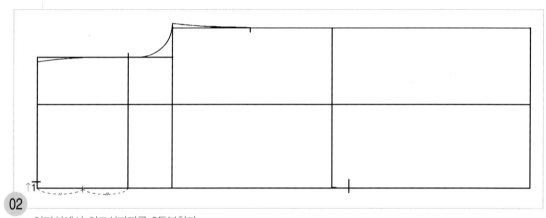

02
허리선에서 히프선까지를 2등분한다.

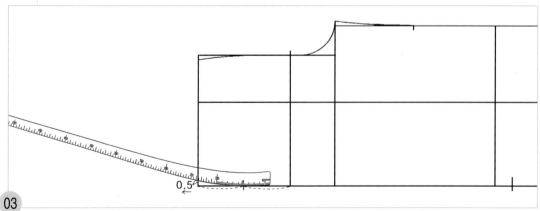

03
허리선에서 히프선까지 2등분한 점에 hip곡자의 5 근처 위치를 맞추면서 1cm 올라가 표시한 통과점과 연결하여 히프선 위쪽 옆선의 완성선을 허리선에서 0.5cm 연장시켜 그린다.

6. 허리 완성선을 그리고 다트를 그린다.

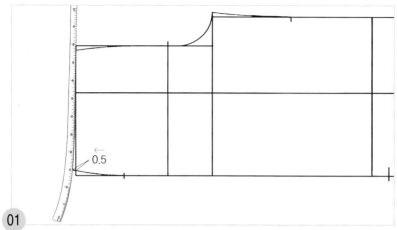

옆선의 0.5cm 올라간 위치에 hip곡자 15 근처의 위치를 맞추고 앞 중심 완성선과 연결하여 허리 완성선을 그린다.

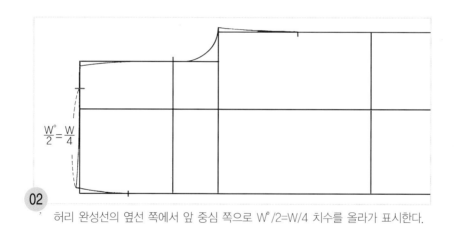

허리 완성선의 옆선 쪽에서 앞 중심 쪽으로 $\frac{W°}{2} = \frac{W}{4}$ 치수를 올라가 표시한다.

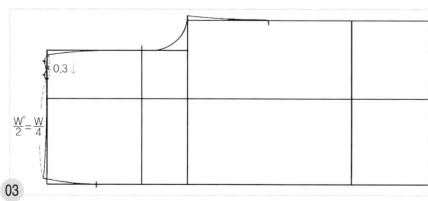

허리 완성선에서 $\frac{W°}{2} = \frac{W}{4}$ 치수를 제하고 남은 허리선의 분량을 2등분하고 2등분한 위치에서 0.3cm 옆선 쪽으로 이동하여 차이지는 두 개의 다트량을 표시해 둔다.

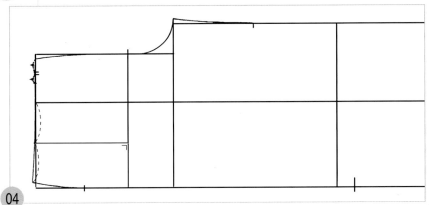

04

주름산 선에서 옆선까지의 허리선 거리를 2등분하고 히프선에서 직각으로 허리선의
1/2점과 연결하여 다트 중심선을 그린다.

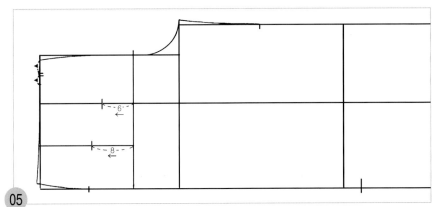

05

앞 중심 쪽 다트는 주름산 선을 다트 중심선으로 하여 히프선에서 6cm, 옆선 쪽 다트
는 8cm 허리선 쪽으로 올라가 다트 끝점을 표시한다.

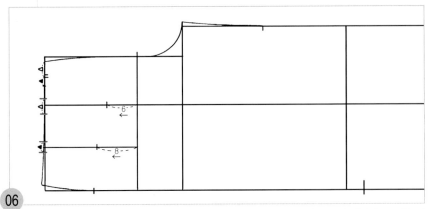

06

다트량이 많은 것(△)을 앞 중심 쪽 다트 중심선에서 다트량의 1/2식 위아래로 나누어
표시하고, 다트량이 적은 것(▲)을 옆선 쪽 다트 중심선에서 1/2씩 위아래로 나누어 허
리선 쪽 다트 위치를 표시한다.

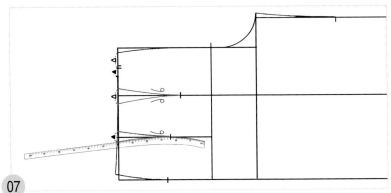

07 다트 끝점에 hip곡자 12 근처의 위치를 맞추면서 허리선 쪽 다트 위치와 연결하여 다트 완성선을 그린다.

7. 주머니 입구 선을 그린다.

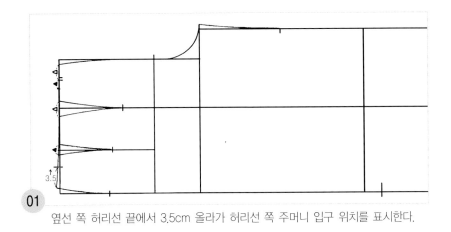

01 옆선 쪽 허리선 끝에서 3.5cm 올라가 허리선 쪽 주머니 입구 위치를 표시한다.

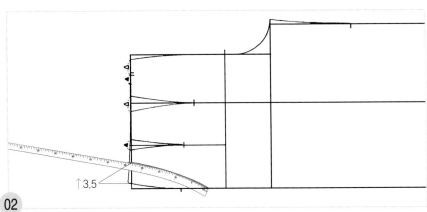

02 3.5cm 올라간 주머니 입구 위치에 hip곡자 15의 위치를 맞추면서 hip곡자 끝이 옆선에 마주 닿게 연결하여 주머니 입구 선을 그린다.

8. 지퍼 끝 위치를 표시하고 스티치 선을 그린다.

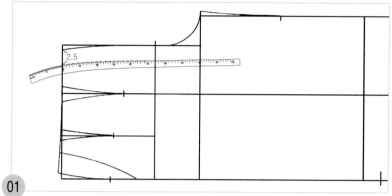

01

앞 중심선에서 2.5cm 폭으로 히프선 근처까지 표시한 다음, 앞 중심선을 그릴 때 사용한 똑같은 hip곡자의 위치로 맞추어 지퍼 스티치 선을 그린다.

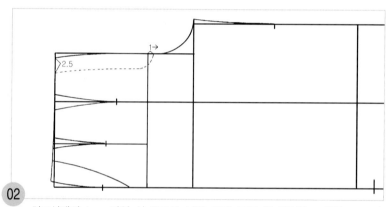

02

히프선에서 1cm 밑위 선 쪽으로 나가 지퍼 트임 끝 위치를 표시하고, 스티치 선과 연결되는 곡선으로 지퍼 트임 끝쪽을 둥글게 그린다.

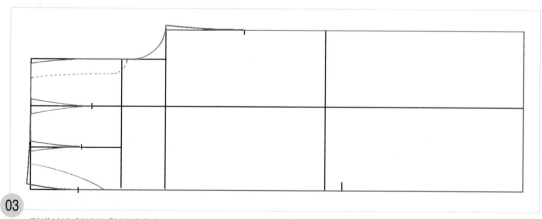

03

적색선이 앞판의 완성선이다.

뒤판 제도하기

1. 앞판을 옮겨 그린다.

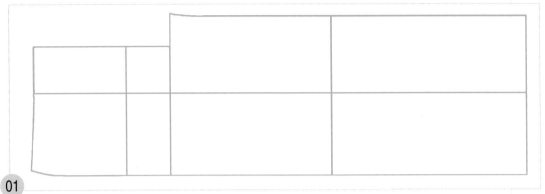

01 앞판의 기초선과 외곽 완성선을 새 패턴지에 옮겨 그린다.

2. 뒤 중심선과 히프선을 그린다.

01 앞판의 앞 중심 안내선에서 주름산 선까지를 2등분하고, 2등분한 곳에서 앞 중심 안내선까지를 다시 2등분한다.

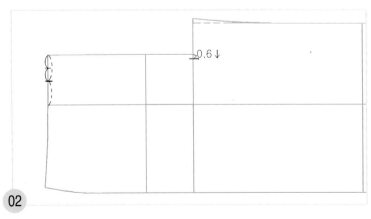

02 앞 중심과 밑위 안내선의 교점에서 0.6cm 내려와 뒤 밑둘레 폭 점을 표시한다.

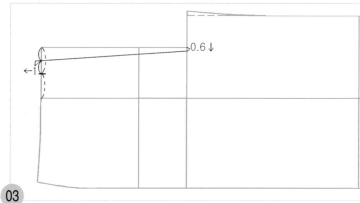

0.6cm 내려온 점과 앞 중심 선에서 주름산까지의 1/4 위 치를 직선자로 연결하여 뒤 중심선을 허리선에서 1cm 추 가하여 그린다.

03

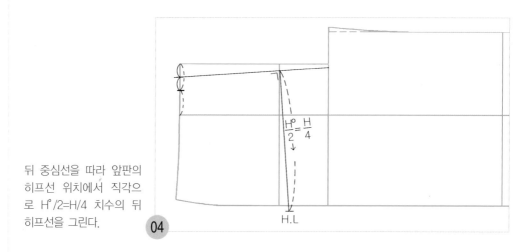

뒤 중심선을 따라 앞판의 히프선 위치에서 직각으 로 $H^\circ/2=H/4$ 치수의 뒤 히프선을 그린다.

04

3. 뒤 밑둘레 폭을 추가하고 옆선과 안쪽 다리선을 그린다.

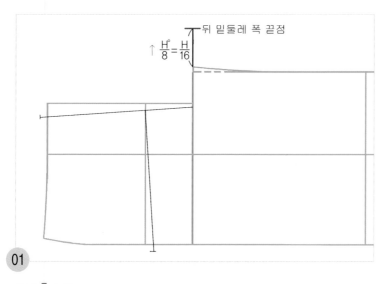

앞판의 앞 밑둘레 폭 끝점에 서 수직으로 뒤 밑위 안내선 을 연장시켜 그리고, 앞 밑둘 레 폭 끝점에서 $H^\circ/8=H/16$ 치수를 올라가 뒤 밑둘레 폭 끝점을 표시한다.

01

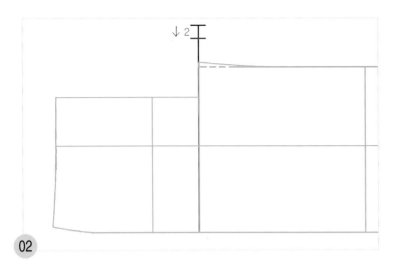

뒤 밑둘레 폭 끝점에
서 2cm 내려와 표시
한다.

02

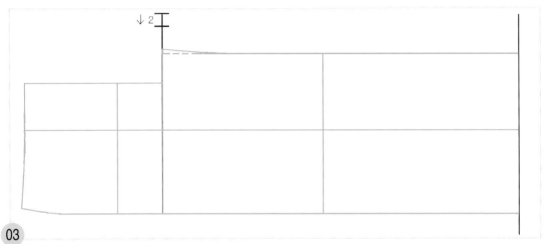

03

바짓단 안내선을 추가하여 그린다.

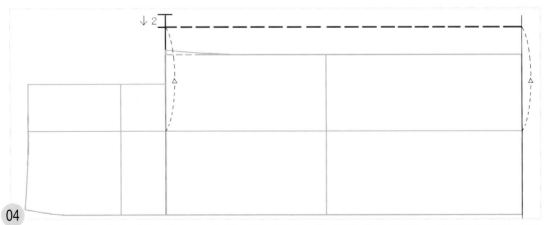

04

2cm 내려온 곳에서 주름산 선까지의 거리를 재어 같은 치수를 바짓단 쪽에 표시하고, 두 점을 직선자로 연결
하여 점선으로 안쪽 다리 안내선을 그린다.

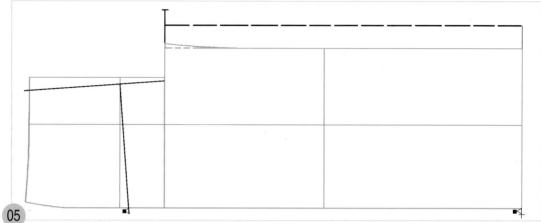

05 앞판의 옆선과 뒤 히프선 끝점과의 거리를 재어 같은 치수를 앞판의 옆선 쪽 바짓단 선 끝에서 내려와 뒤 바짓단 폭 점을 표시한다.

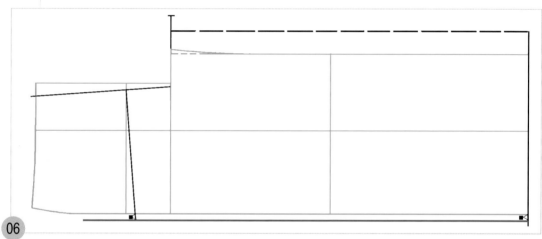

06 히프선 끝점과 뒤 바짓단 폭 점 두 점을 직선자로 연결하여 허리선에서 히프선의 1/2 위치까지 옆선을 그린다.

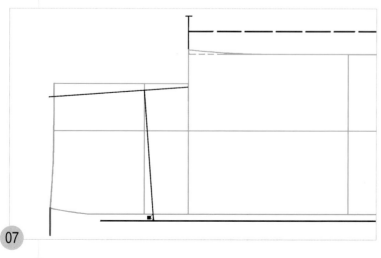

07 앞판의 옆선 쪽 허리선 끝에서 수직으로 뒤 허리 안내선을 내려 그린다.

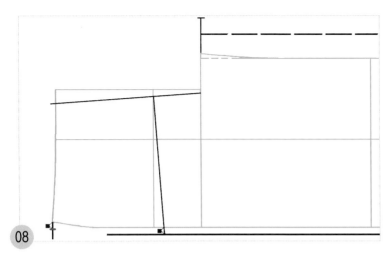

08

앞판의 옆선과 뒤 히프선의
끝점과의 거리를 재어 같은
치수를 앞판의 옆선 쪽 허리
선 끝에서 내려와 뒤 옆선의
완성선을 그릴 통과점을 표시
한다.

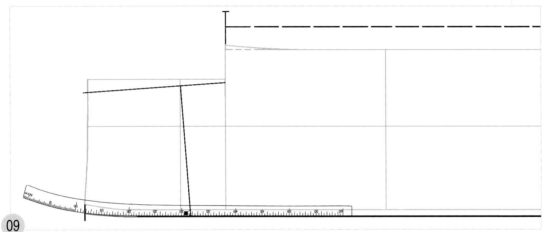

09

허리선에서의 히프선의 1/2 위치까지 그린 옆선 허리선 쪽 통과점(■)에 hip곡자 12 근처의 위치를 맞추면서
히프선 위쪽 옆선과 연결하여 히프선 위쪽 옆선을 그린다.

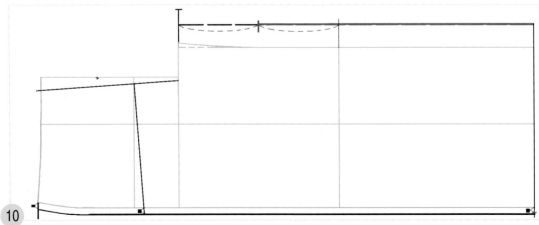

10

점선으로 그려둔 안쪽 다리 안내선의 밑위 선과 무릎선 거리를 2등분하고, 1/2 위치에서 바짓단까지 직선으로
안쪽 다리선을 그린다.

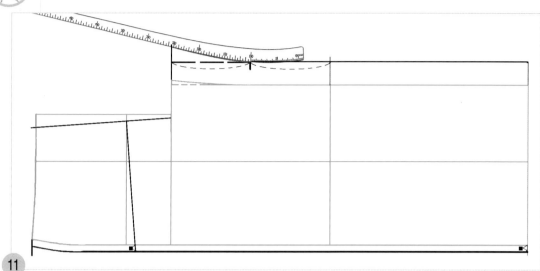

11

밑위 선과 무릎선의 1/2 위치에 hip곡자 10 위치를 맞추면서 뒤 밑둘레 폭 끝점과 연결하여 무릎 위 안쪽 다리
선을 그린다.

4. 뒤 밑둘레 선을 그린다.

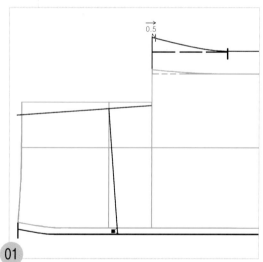

01

뒤 밑둘레 폭 끝점에서 0.5cm 안쪽 다리선을 따
라 내려가 뒤 밑둘레 폭 끝점을 이동한다.

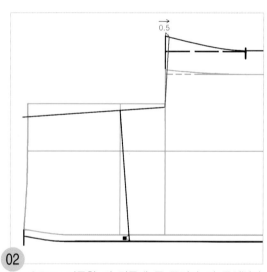

02

0.5cm 이동한 뒤 밑둘레 폭 끝점과 뒤 중심선과
밑위 선의 교점을 직선자로 연결하여 뒤 밑둘레
폭 선을 수정한다.

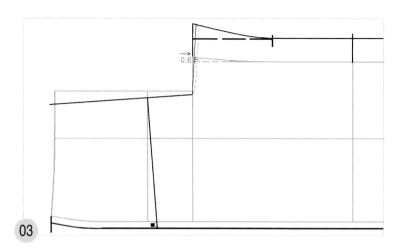

수정한 뒤 밑둘레 폭 선을 2등분한 다음, 2등분한 위치에서 바짓단 쪽으로 0.6cm 그린다.

03

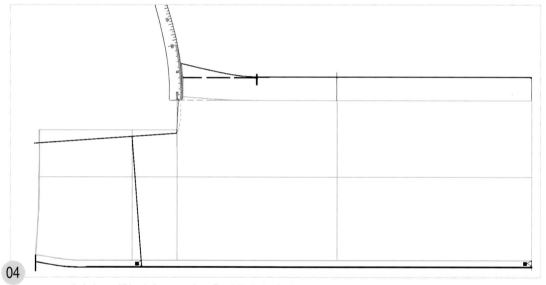

04 0.6cm 내려가 표시한 점에 hip곡자 끝을 맞추면서 뒤 밑둘레 폭 끝점과 연결하여 뒤 밑둘레 선을 그린다.

뒤 중심선과 밑위 선의 교점에서 0.6cm 내려온 곳, 즉 뒤 밑둘레 폭 점에서 뒤 중심선과 뒤 밑위 선 사이의 중간을 통과하는 2cm의 뒤 밑둘레 선을 그릴 통과선을 그린다.

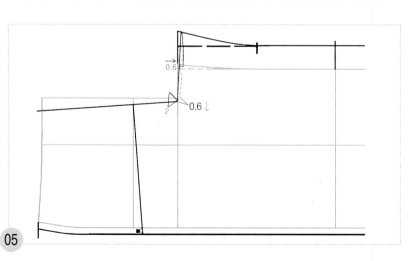

05

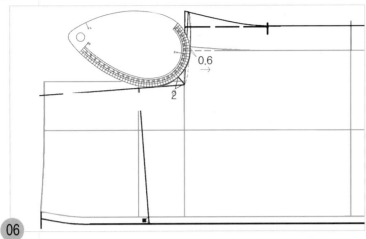

뒤 밑둘레 폭 선의 1/2점에
서 0.6cm 나간 끝점과
2cm의 통과선을 통과하면
서 뒤 중심선과 연결되도록
뒤 AH자로 맞추어 얹고 남
은 뒤 밑둘레 선을 그린다.

06

5. 뒤 허리 완성선을 그리고 다트를 그린다.

옆선 쪽 허리선 끝점에
hip곡자 15 근처의 위
치를 맞추면서 1cm 추
가하여 그린 뒤 중심선
끝점과 연결하여 뒤 허
리 완성선을 그린다.

01

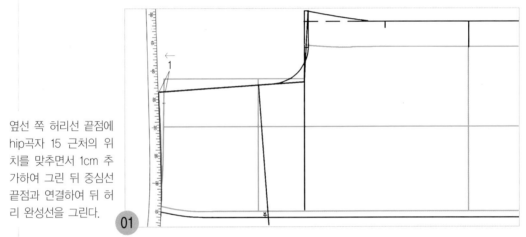

$$\frac{W°}{2} = \frac{W}{4}$$

옆선 쪽 허리선 끝점에서
W°/2=W/4 치수를 올라가
표시한다.

02

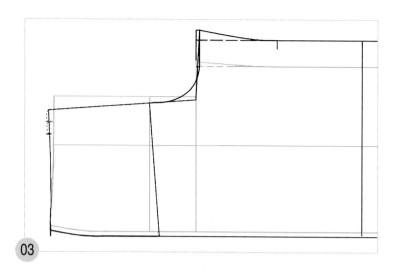

허리 완성선에서 $W°/2=W/4$ 치수를 제하고 남은 허리선의 분량을 2등분한다.

03

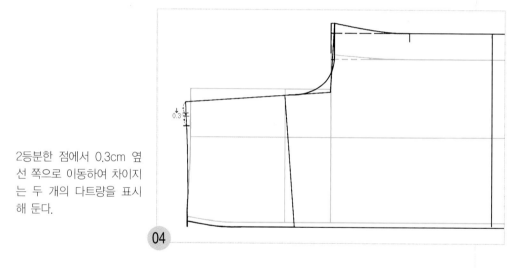

0.3

2등분한 점에서 0.3cm 옆 선 쪽으로 이동하여 차이지 는 두 개의 다트량을 표시 해 둔다.

04

허리선과 히프선을 각각 3등분한다.

05

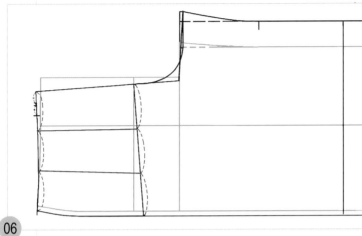

1/3점끼리 직선자로 연결하여 다트 중심선을 그린다.

06

히프선에서 다트 중심선을 따라 뒤 중심 쪽 다트는 5cm, 옆선 쪽 다트는 7cm 허리선 쪽으로 올라가 다트 끝점을 표시한다.

07

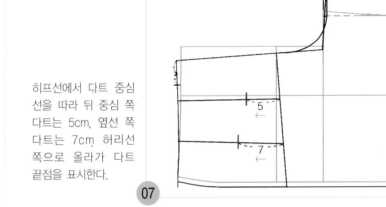

다트량이 많은 것(△)을 뒤 중심 쪽 다트 중심선에서 다트량의 1/2씩 위아래로 나누어 표시하고, 다트량이 적은 것(▲)을 옆선 쪽 다트 중심선에서 다트량의 1/2씩 위아래로 나누어 허리선 쪽 다트 위치를 표시한다.

08

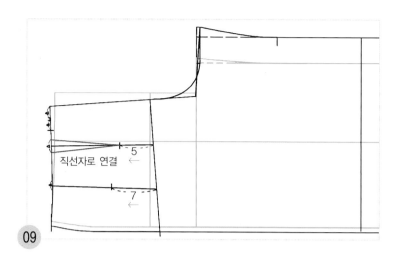

뒤 중심 쪽 다트는 다
트 끝점과 허리선 쪽
다트 위치를 직선자로
연결하여 다트 완성선
을 그린다.

09

직선자로 연결

5 ←

7 ←

다트 끝점에 hip곡자 12 근
처의 위치를 맞추면서 허리
선 쪽 다트 위치와 연결하
여 다트 완성선을 그린다.
단, 다트량이 적은 경우에
는 다트 완성선이 직선에
가깝게 된다.

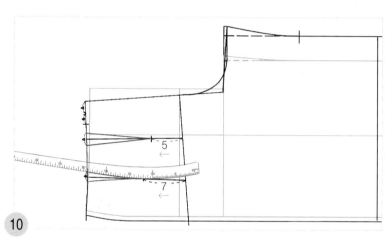

10

5 ←

7 ←

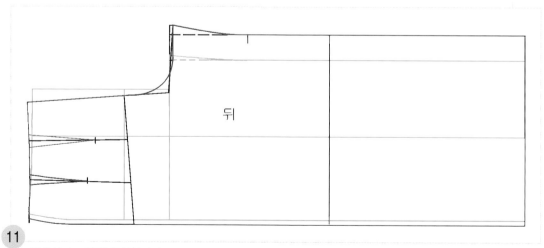

뒤

11

적색선이 뒤판의 완성선이다.

허리 벨트 그리기

01 수평으로 W/2+3cm의 허리 벨트 선을 그린다.

02 허리 벨트 폭을 3.5cm로 하여 직각으로 뒤 중심 선을 내려 그린다.

03 허리선의 왼쪽에서 3.5cm 재어 표시하고 두 점을 직선자로 연결하여 허리 벨트 폭 선을 그린다.

04 뒤 중심선에서 W/2 치수를 재어 표시하고 직각으로 앞 중심선을 그린다.

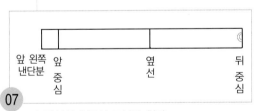

05 앞 중심선에서 3cm 나가 직각으로 앞 왼쪽 낸단분 선을 그린다.

06 앞 중심선과 뒤 중심선을 2등분하여 1/2 위치에 옆선 표시를 한다.

07 뒤 중심선에 골선 표시를 한다.

Lim byung yeul

임 병 렬

- 서울 교남양장점 패션실장 역임(1961)
- 하이패션 클립 설립(1963)
- 관인 세기복장학원 설립,
  원장역임(1971~1982)
- 사단법인 한국학원 총연합회 서울복장교육
  협회 부회장 역임(1974)
- 노동부 양장직종 심사위원 국가기술검정위
  원(1971~1978)
- 국제기능올림픽 한국위원회 전국경기대회
  양장직종 심사장(1982)
- 국제장애인기능올림픽대회 양장직종 국제심
  사위원(제4회 호주대회)
- 국제장애인기능올림픽대회 한국선수 인솔단
  (제1회, 제3회)
- (주)쉬크리 패션 생산 상무이사(1989~현재)
- 사단법인 한국의류기술진흥협회 부회장 역
  임, 현 고문

  - 상훈 : 제2회 국제기능올림픽대회 선수지도
    공로 부문 보건사회부장관상(1985), 석탑산
    업훈장(1995), 제5회 국제장애인기능올림
    픽대회 종합우승 선수지도 부문 노동부장
    관상(2000)

  - 저서 : 「팬츠 만들기」
    「스커트 만들기」

Jung hye min

정 혜 민

- 일본 동경 문화여자대학교 가정학부 복장
  학과 졸업
- 일본 동경 문화여자대학 대학원 가정학연
  구과(피복학 석사)
- 일본 동경 문화여자대학 대학원 가정학연
  구과(피복환경학 박사)
- 경북대학교 사범대학 가정교육과 강사
- 성균관대학교 일반대학원 의상학과 강사
- 동양대학교 패션디자인학과 학과장 역임
- 동양대학교 패션디자인학과 조교수
- 현, 경북대학교 사범대학 가정교육과 강사
  이제창작디자인연구소 소장

  - 저서 : 「패션디자인과 색채」
    「텍스타일의 기초 지식」
    「봉제기법의 기초」
    「어린이 옷 만들기」
    「팬츠 만들기」
    「스커트 만들기」

프로에게 자 사용법으로 쉽게 배우는

팬츠 제도법

임병렬 정혜민 공저

2016년 8월 25일   2판 1쇄 발행

발행처 ＊ 전원문화사

발행인 ＊ 남병덕

등록 ＊ 1999년 11월 16일

　　　제1999-053호

서울시 강서구 화곡로 43가길 30. 2층

　　　T.02)6735-2100 F.6735-2103

E-mail ＊ jwonbook@naver.com

ⓒ 2003, 임병렬 정혜민